机工通信

apress®

U0258250

一看就懂的半导体

适合所有人的科技指南

［美］
科里·理查德
（Corey Richard）
—
著

姬扬
—
译

机械工业出版社
CHINA MACHINE PRESS

半导体行业现在是世界上最大、最有价值的行业之一，与我们的生活、工作和学习密切相关。这本书是为非专业人士提供的科技指南，介绍与半导体有关的各种基础知识，包括物理、材料和电路，分立元件和集成电路系统、应用和市场，以及半导体的历史、现状和未来。

这本书适合所有对半导体感兴趣的读者。中学生完全可以读懂这本书，专业人士也可以从中了解到市场、投资和政策制定方面的信息。

First published in English under the title
Understanding Semiconductors：A Technical Guide for Non-Technical People
by Corey Richard
Copyright © Corey Richard, 2023
This edition has been translated and published under licence from Apress Media, LLC, part of Springer Nature.
此版本仅限在中国大陆地区（不包括香港、澳门特别行政区及台湾地区）销售。未经出版者书面许可，不得以任何方式抄袭、复制或节录本书中的任何部分。

北京市版权局著作权合同登记 图字：01-2023-2135 号。

图书在版编目（CIP）数据

一看就懂的半导体：适合 所有人的科技指南/（美）科里·理查德（Corey Richard）著；姬扬译 .—北京：机械工业出版社，2024.6（2025.3 重印）
书名原文：Understanding Semiconductors：A Technical Guide for Non-Technical People
ISBN 978-7-111-75552-4

Ⅰ.①一… Ⅱ.①科… ②姬… Ⅲ.①半导体-指南 Ⅳ.①O47-62

中国国家版本馆 CIP 数据核字（2024）第 071243 号

机械工业出版社（北京市百万庄大街 22 号 邮政编码 100037）
策划编辑：秦 菲   责任编辑：秦 菲
责任校对：郑 雪 张昕妍   责任印制：刘 媛
涿州市般润文化传播有限公司印刷
2025 年 3 月第 1 版第 5 次印刷
169mm×239mm · 13.75 印张 · 272 千字
标准书号：ISBN 978-7-111-75552-4
定价：89.90 元

电话服务   网络服务
客服电话：010-88361066   机 工 官 网：www.cmpbook.com
　　　　　010-88379833   机 工 官 博：weibo.com/cmp1952
　　　　　010-68326294   金 书 网：www.golden-book.com
封底无防伪标均为盗版   机工教育服务网：www.cmpedu.com

关于作者

科里·理查德（Corey Richard）在 SignalFire 负责招聘高级管理和开发人员，SignalFire 是一家市值 20 亿美元的风险投资机构，总部位于旧金山，在 Grammarly、Uber、Ro 和 Color Genomics 等公司有大量的投资。他为超过 150 家种子期和成长期的创业公司提供支持，帮助创始人在工程、产品和市场营销等方面吸引和雇佣关键人才。在加入 SignalFire 之前，科里为苹果公司的硅工程组提供了四年的支持，他在硅设计的各个方面建立了下一代工程组织——支持模拟混合信号（AMS）设计和 IC 封装部门。在加入苹果公司之前，他曾为许多硬件技术巨头提供咨询，包括哈曼国际、Cirrus Logic 和 Xilinx FPGA。科里在宾夕法尼亚大学沃顿商学院完成了组织发展和创业的 MBA 课程，在那里他学习金融、可持续发展和组织心理学，并且代表 SDSU 本科班做了毕业演讲。

关于技术审查员

布莱恩·特罗特（Brian Trotter）是 Bishop Rock 公司的首席执行官和创始人，这是一家技术研究和知识产权（IP）咨询公司，位于奥斯汀。在创立 Bishop Rock 公司之前，他在 Maxim Integrated 公司工作了 10 年，一直晋升到 IC 设计执行总监，带领设计团队开发最先进的音频处理器。布莱恩还在 Cirrus Logic 公司工作了 13 年，担任数字设计工程师，从事先进的模/数和数/模转换器的 RTL 实现、综合、布局和调试工作。

布莱恩在转换器设计、增量总和调制和数字接口等领域拥有 12 项美国专利。他曾在 IEEE 和音频工程协会（AES）发表文章，是美国专利和商标局（USPTO）的注册专利代理人。

他在哥伦比亚大学获得了电子工程学士学位，并在得克萨斯大学奥斯汀分校获得了电子工程硕士学位。

关于译者

姬扬，研究员，博士生导师。中国物理学会半导体物理专业委员会秘书长。1998 年在中国科学院半导体研究所获得理学博士学位。自 2002 年起，在中国科学院半导体研究所半导体超晶格国家重点实验室工作，从事半导体自旋物理学方面的实验研究。在半导体物理学方面发表过几十篇学术论文，还出版了 3 本译著——《半导体物理学（上下册）》《半导体自旋物理学》和《半导体的故事》。

致 谢

首先，我必须感谢我的老领导和导师鲍勃·利贝斯曼，你带我在招聘行业起步，花费了大量的时间，不厌其烦地教我半导体技术的内涵和外延。自从在太平洋海滩奥帕尔街度过的那段漫长的时光以来，我们已经取得了很大进展。我与你和特洛伊在 BSI 的三年时间，打开了一扇门，以积极的方式改变了我的生活。非常感谢你们的指导和友谊。

我要感谢 Hina Azam、Charlie Zhai、Reggie Cabael、Martin Thrasher、John Griego，以及苹果公司的封装与 SIPI 和硬件技术招聘团队。感谢你们给我机会与你们这群有干劲的人一起工作，四年来每天都在激励我，让我学习和进步。

感谢帮助我完成这个项目的许多人，包括帮助审核技术内容的 Jan Van Der Spiegel 教授和帮助审查风格与制作出版申请书的 Craig Heller 等，恕不一一列举。我还要感谢为本书作序的布莱恩·桑托。你们愿意帮助完全陌生的人完成激动人心的项目，这种利他主义行为真的是温暖人心。我真诚地感谢你们付出的时间和帮助。

特别向我的技术审查员布莱恩·特罗特表示感谢。你阅读本书的次数几乎和我一样多，这就说明了你认真严谨的态度。真的很感谢你对细节的关注，你的实践经验为每一章增色不少。

热烈拥抱我的家人和我生命中的教育者，包括我的父母 Rhonda 和 Glen，我的姐妹 Eliza，以及我的祖父母 Arnold、Janice、Hal、Elaine 和 Howie。你们的支持和榜样激励我帮助别人成长。我永远深爱你们！

在我的整个职业生涯中，我主要是作为记者（曾经在一家分析公司和一家公关公司任职），负责撰写关于半导体技术和电子行业的文章。我见过很多人，他们本来可以通过阅读这样的书而受益——如果他们有这本书就好了。

事实上，像我这样并非搞技术的人，都可以阅读本书。

半导体行业现在是世界上最大、最有价值的行业之一。半导体技术也在推动其他越来越多的庞大行业前进，从汽车制造到金融服务再到医药，无所不包。产品的差异化在很大程度上取决于半导体技术，无论是智能手机、工业机器人还是心脏起搏器。了解这些东西对很多人的工作至关重要。

确切地说，对谁有用呢？销售、推销和宣传半导体的人、撰写半导体文章的人，以及撰写如何使用半导体产品的人。对消费者来说，半导体技术的知识也许是有用的，但对有些人来说，它已经变得至关重要——与所有资深的游戏玩家交谈，你会发现他们几乎和计算机制造商一样熟悉计算机里的芯片。

还有一些人至少需要对该技术有基本的了解，不是为了技术本身，而是因为对于理解半导体业务以及所有依赖它的许多业务，这都非常重要。他们包括金融分析师、投资者和政策制定者。

全世界因了解半导体技术而受益的非技术人员的数量可能有几十万，甚至几百万。

这个领域很难，要边干边学。我了解这一点，因为我就是这么做的。我在大学里学习的课程主要是人文学科，毕业时获得了新闻学学位，并期望自己能写各种各样的主题，但没有一个与电子有关。后来我在一家报道半导体行业的报纸那里找到了工作。也许我足够聪明，可以边学边做，但毫无疑问，我很幸运。我的导师和业内人士都喜欢分享他们的知识。东拼西凑地学习是有用的——我经常这样干，但我总能发现自己在知识上的差距。正如我说的，现在所有非专业人士都可以读这本书。

我知道这不仅仅困扰我一个人。我每天都与其他非技术人员一起工作，跟他们交谈——记者、公关人员、销售人员、政策专家——他们也必须与半导体打交道，他们同样缺乏这个领域的相关背景。经验几乎每天都在向我证明，这样的书对很多人都非常有用。

但是，有个东西叫作互联网！为什么不在需要的时候到网上查找呢？

在职业生涯的大部分时间，我都在互联网上阅读工程信息，但网上能找到的很多东西都是技术人员写的，他们认为自己正在和其他技术人员交谈。并不是人人都有清晰沟通的能力，即使工程师们写得很好，他们的意思也很容易被行话遮掩，不熟悉的人肯定是无法理解的。如果你不是技术人员，但是又需要了解半导体，这里有一本书很全面，解释得很清楚，随时都可以查阅。这本书很有用，也很有必要。

布莱恩·桑托
ASPENCORE 全球常务编辑
EETimes 总编辑

如果你不是工程师，也许会觉得，现代计算看起来是超自然的。用科幻小说家阿瑟·C. 克拉克的话说，"任何足够先进的科技，都与魔法无异。"

那么，你在日常徒步旅行中看到的岩石，究竟是怎样被人类改造成强大的机器，从而彻底改变我们的工作方式、沟通方式和生活方式的呢？

从 20 世纪 60 年代体积庞大的大型计算机，到今天支持社会运转的功能强大的微型计算机，人类处理、存储和操纵数据的能力以惊人的速度发展。1965 年，著名的技术专家和英特尔公司的创始人戈登·摩尔预测，一个芯片可以容纳的晶体管数量和由此产生的计算能力，每两年就会翻一番，这就是后来所谓的"摩尔定律"。从 1947 年威廉·肖克利、约翰·巴丁和沃尔特·布拉顿在贝尔实验室开发出第一个巴掌大小的晶体管，到今天正在开发的 3 **纳米**晶体管（1 纳米是十亿分之一米），工程领导者们不断证明摩尔的预测是正确的，大约每 18 个月就能把芯片上的元件数量翻一番（Yellin, 2019）（Moore, 1965）。

计算能力的这种指数式增长，推动了许多人认为的**数字革命**，以及我们今天享受和依赖的大量技术。从手机到人工智能，半导体技术引发了无数的产业创新。

半导体行业本身就很庞大，仅在美国，就有 25 万人直接受雇于半导体行业，此外估计还有 100 万个间接就业机会（SIA, 2021）。行业领袖和政治家们试图进一步增加这些数字，为美国带来更多的半导体工作岗位。半导体是美国仅次于石油和飞机的第三大出口产品，在美国国内生产总值中占有很大的比重（Platzer, Sargent, & Sutter, 2020）。没有半导体，就不会有任何现代化的生活——没有手机，没有电脑，没有微波炉，没有视频游戏——我相信任何在新冠疫情期间尝试买车的人都明白，芯片短缺意味着什么。简而言之，半导体非常重要。

因此，了解一点儿半导体不好吗？

有些人依靠半导体为生，很容易理解他们为什么想读这本书。但是，即使你和半导体行业没有关系，了解什么是半导体，它们是如何制造的，未来会怎样，以及为什么对我们的日常生活如此重要，也将是有益的经历。在理想的情况下，本书将帮助你理解这个复杂而又热门的主题，帮助你与其他技术领域建立联系，提供一份最终可以掌握的工作技术词汇，甚至可以让你在下一次晚餐聚会时给朋友们留下深刻的印象。

如果这些理由还不够，阅读《一看就懂的半导体：适合所有人的科技指南》，冲进陌生的技术战场，必然会对周围的世界产生新的见解，甚至让你感到自豪。

Contents | 目录

第 3 章 构建系统 / 28

第 4 章 半导体制造 / 40

第 5 章 把系统连接起来 / 57

第 **6** 章　常用电路和系统元件 　/　**67**

第 1 章 半导体基础知识

半导体利用电的力量做令人惊讶的事情。仔细想想，人类的进步总是以我们利用和控制强大自然力量的能力为特征。利用太阳光种植庄稼，利用重力把水从河流运到城市，利用风在大海上航行。在过去的 100 年里，半导体一直是利用一种特殊的自然力量（电能）的关键。为了准确理解这一点，我们首先需要学习电和导电性的基本知识。

别担心，没有数学。好吧，也许有一点点……

1.1 电和导电性

电可以用来描述许多不同的东西，然而，电其实根本就不是"东西"。更准确地说，电描述了**电荷**和**电流**的关系（BBC）。

电荷是物质的基本属性，来自构成物质基本组成部分的两种粒子（**质子**和**电子**）（Encyclopedia Britannica，2021）。为了理解质子和电子如何相互作用，让我们复习中学物理，回忆与太阳系类似的原子结构。在原子结构模型中，每个原子都有一个原子核，由带正电的质子和中性的**中子**组成，它们抱成一团形成一个球。一群带负电的电子在原子核周围东奔西走。从图 1-1 的电子云模型可以看出，原子结构的维持来自两种力（电磁力和强相互作用力）的平衡。虽然许多物理课本把电子描绘成沿着整齐的同心圆轨道围绕原子核运行，但是实际上，电子的运动要混乱得多，最好描绘成电子场或电子云（Williams，2016）。

电磁力让电性相反的电荷相互吸引，相同的电荷相互排斥。它是保持电子靠近原子核以及在原子之间移动的力。**强相互作用力**让中子和质子抱成团，尽管质子带有相同的电荷。在有些材料里，电子紧贴着原子核，但在其他材料里，电子不断地跳跃到附近的其他原子上。拥有这些更活跃的电子的材料称为**导体**。

在铜这样的导体中，电子不断地从一个原子跳到另一个原子。每当铜原子中的一个电子跳到邻近的铜原子上，发射原子和接收原子都会得到一个电荷——少了一个电子的发射原子（原子 1）现在带有正电荷，多了一个电子的接收原子（原子 2）现在带有负电荷。一旦原子 1 有了正电荷，异性相吸的电磁力就会从原子 3 吸引一个附近的电子，它将迅速跳入以填补空缺。原子 1 变为中性的，原子 3 就会带正电，因而从原子 4 吸引另一个电子。这个过程如图 1-2 所示。

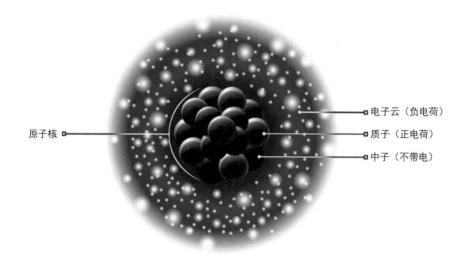

图 1-1 原子的电子云模型

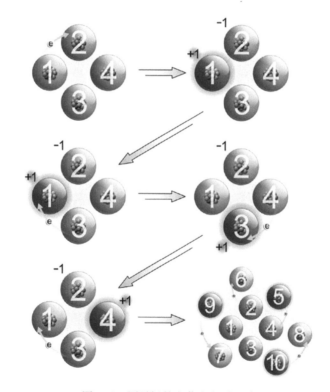

图 1-2 原子间的电荷和电子运动

在所有的材料中，这种过程都时刻不停地进行着；我们看不出来，只是因为这些运动在所有方向上随机发生，并且在总体上相互抵消。这种抵消效应就是日常物体不带电的原因——在任何时候，我们遇到的每件东西都包含几十亿个带正电和负电的原子，但总体而言，每个物体作为整体是电中性的，根本不带电。这就是为什么每当你坐下来时，沙发不会电击你的原因。在电中性的状态，电子可能会随机地从一个原子跳到另一个原子，但是，如果这些电子不是随机地从一个地方移动到另一个地方，而是得到了一些指引，会发生什么呢？

电流是电子朝同一方向流动的结果（Science World，n. d.）。"流动"并不意味着电子本身以电流的速度移动——这种误解很常见。真正发生的是我们前面描述的过程，电子离开自己的母原子加入一个邻近的原子，随后这个原子失去一个电子给另一个邻近的原子，这个原子再失去一个电子给又一个原子，如此反复。这些运动的集体效果是，电流以近乎光速的速度沿着电线传输，尽管单个电子每秒钟只走几毫米（Mitchell，n. d.）。

为了说明这个过程，我们可以放大看一看电流是如何沿着电线传输的（见图1-3）。记住，电磁力让电性相反的电荷相互吸引。如果我们在电线的一端（原子1的左边）施加一个正电荷，原子1将失去一个电子，这个电子被吸引到正电荷上。原子1现在少了一个电子，有一个净的正电荷。邻近的原子2中的一个电子现

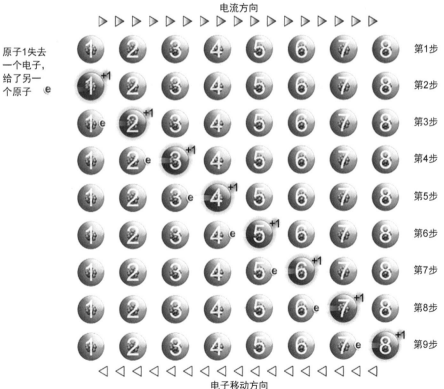

图1-3 电子的流动

在被吸引到正电荷上，并跳到原子1上，使得原子2带有正电荷。原子3的一个电子现在跳到了原子2，这个链条一直持续下去。正电荷沿着电线从一个原子"转移"到下一个原子，尽管电子的运动方向是相反的。同样的基本过程也发生在电中性物体的随机电子运动中，如图1-2所示，唯一不同的是，现在我们给了它方向。

你可以把这个过程想象为桌子上摆了一串台球（见图1-4）。如果你沿着这串台球的方向，击打一端的球，另一端的球就会移动，就像被你直接击中一样。就像**动能**（运动的能量）从最前端的1号球转移到最后端的15号球一样，铜线前端的原子的能量也可以通过电流转移给金属线后端的原子（Beaty，1999）。表示电流强度的单位是**安培**（A），它衡量在一秒钟内有多少电子流过某个点（Ada，2013）。

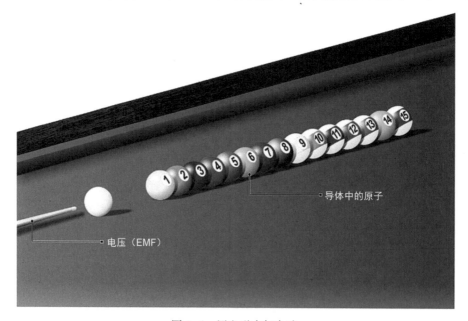

图1-4　用电磁力打台球

图1-3和图1-4在原子水平上描绘了电线里发生的情况。如果放大一些，看看整个电线上发生了什么，就可以看到电流的方向和电子的流动方向相反（见图1-5）。如果这让你困惑，一个有用的启发式记忆法是：传统的电流是从正电荷流向负电荷。我们知道，电子（-）被吸引到正电荷（+）上，因此从负极流向正极，所以电流必须朝相反方向流动。通过产生电荷差，就启动了电子在原子间运动的连锁反应，使电流沿着电线流动。两个物体之间的电荷差称为**电势**，它是电荷在电路中流动的原因。

那么，我们究竟是怎么让电子形成从一点到另一点的电流呢？答案就在于**电压**（V），也称为**电动势**（**EMF**或**E**）（Nave，2000）。你可以把电压想象成软管中

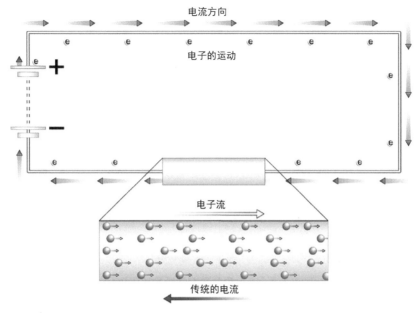

图 1-5　电子的运动和电流的方向

的水压，只不过它不是把水冲到你的草坪上，而是推动电子从 A 点移动到 B 点（Nussey，2019）。从技术上讲，只要任何两点之间有电荷差，就存在电压。

如果你的手机带负电，你的充电器带正电，它们之间就有电压。如果你的狗带正电，你的猫带负电，它们之间就有电压。如果你的老板带负电，而你的汽车带有正电，它们之间就存在电压。虽然你的老板或你的狗太不可能带有净的正电荷或负电荷，但重要的是电荷差。我们把你的手机和充电器、狗和猫、老板和汽车用铜线这样的导体连接起来，就会形成电路，电流可以通过这个电路流动。

电路是指电源（比如说电池）、导线和其他电学元器件构成的任何闭合回路（Rice University，2013）。不要让这些花里胡哨的术语吓到你——如果你在冬天趿拉着鞋走过地毯，用手接触你的朋友，就会形成一个电路。电流（以电荷的形式）从你身上流过，经过你的朋友，然后流向地面。哎哟，麻了！

电压的另一个名称是**电势差**，描述的是把一个正电荷从一点带到另一点需要做多少功（Electrical Potential，2020）。一个物体的电势是由它在某个特定时刻的电荷状况决定的。通常认为，带正电的物体比带负电的物体有更高的电势。如果我们用导体将电势较高的物体与电势较低的物体连接起来，电子将从低电势的物体流向高电势的物体，而电流则从高电势流向低电势。两个物体之间的电荷差越大，电压就越大。电势差的说明如图 1-6 所示。

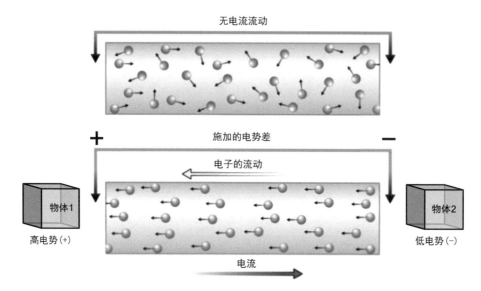

图 1-6　无电势差和有电势差的比较

还记得电流是如何沿着电线流动的吗？正电荷从一端移动到另一端，而电子在相邻的原子之间朝着相反的方向转移。为了启动这种连锁反应并沿电线传递正电荷，我们需要电路的两个部分之间具有初始电荷差。所以，图 1-6 中的电子向左边的物体 1 移动，而电流朝着右边的物体 2 流动。没有电压，电流就无法流动——正是这种电势差使得电力能够照亮我们的家，加热我们的水，为我们的生活提供动力。

想象任何两个有电荷差异的物体，无论是给灯泡供电的电池的两端，还是本杰明·富兰克林著名的风筝实验中的钥匙和雷雨云，它们之间都存在电势差。我们可以用某种导电材料连接它们，或者让物体直接连接，从而形成一个电路，激活这个电势差。对于电路来说，这可能意味着把电池的一端与另一端连接起来，使得电流从电路的一端流向另一端，让灯亮起来。对于富兰克林来说，这可能是一朵云和绳子末端的钥匙之间的连接。在这两种情况下，正电荷从电势较高的物体（电池的正极或雷雨云）流向电势较低的物体（电池的负极或钥匙）。

富兰克林试图证明，闪电是一种放电过程，可以安全地转入地下并远离易燃结构。图 1-7 是关于他大胆工作的著名画作，由美国的版画公司 Currier & Ives 于 1876 年出版。这个实验导致了避雷针的发明，这些避雷针至今还在保护着建筑物和人（Currier & Ives, 2009）。

电池的工作原理不是依赖于自然环境中的电势差，而是将电路一端（+）的电荷提升到另一端（-），从而提升其电势。电流不会停止流动，直到电路负极的所有剩余负电荷都流向电路的正极，电池才会没电，如图 1-8 所示。

图 1-7　本杰明·富兰克林在 1752 年的电实验（Currier & Ives，2009）。

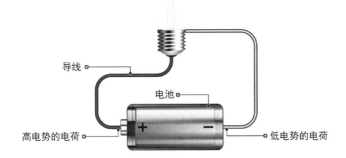

图 1-8　电池供电的灯泡电路

也许你曾经想过为什么电池会有正（+）负（-）极，它标志了形成电势差和为你使用的任何电器供电所必需的每一端。组成电池的材料使它能够产生这样的电势——由"需要"电子的材料制成的**阴极**构成电池的正极（+）（电流离开或电子进入的地方），由"有多余"电子的材料制成的**阳极**构成电池的负极（-）（电流进入或电子离开的地方）（US Department of Energy，n. d.）。两端的电势差被储存为**化学能**，然后在电池使用时被转化为**电能**。

电流和电压告诉我们电在原则上如何工作，但是要了解电的真正作用，就需要谈谈功率。**功率**描述了当电流转换为某种形式的有用能量时，电路所做的功。这种有用的能量可以是很多东西——运动、光、热、声音、卫星信号等。当扬声器播放你最喜欢的歌曲或者床头灯为你在睡前阅读照明时，它们都是把电能转化为有用的能量。功率用**瓦特**（**W**）来衡量。1 W 是 1 V 电压"推动"1 A 电流在电路里做的功（Electronics Tutorials，2021）。

请记住，**安培**测量的是在单位时间内流过某一点的电子数量（电流），而**伏特**测量的是两点之间由于电势差而产生的电压力（电压）。图 1-9 总结了这三种量以及电阻。

物理量	单位	定义
电流 	安培（A）	在同一方向移动的电子流。特别是衡量在一秒钟里有多少电子流过某个点
电压 	伏特（V）	在电荷不相等的两点之间施加的电压力，也叫电势差
功率 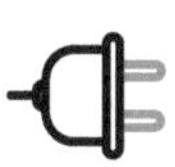	瓦特（W）	电路做的功。特别是衡量1V电压"推动"1A电流在电路里做的功
电阻 	欧姆（Ω）	电路中对电流流动的阻力。具体来说，在两点之间施加1V电压产生1A电流时，电阻就是1Ω

图 1-9　电的单位

功率（P）、电压（E）和电流（I）的关系反映在**焦耳定律**中，这个定律以 1840 年发现该定律的英国物理学家詹姆斯·普雷斯科特·焦耳命名（Shamieh，n. d.）。你不需要记住这个方程，只需要了解这三者的关系，以及电压和电流如何共同创造我们可以使用的东西（功率）。如果你打算使用这个方程，重要的是使用正确的单位来表示功率（瓦特）、电压（伏特）和电流（安培）。

焦耳定律：功率（P）＝电压（E）× 电流（I）。

我们可以把功率、电压和电流想象成从热水器到淋浴头的水流。在这个的比喻中，电荷就像水——它在系统中流动，准备做事情。可以把电压想象为水压，而电流（或水流）是整个系统中电荷（或水）的流动。用水压（电压）乘以水流（电流），就能得到从另一端出来的动力（功率）——动力越大，淋浴效果越好。这个类比如图 1-10 所示。

焦耳定律描述了**电**的关系。它是用电压驱动电流的现象，当电子被推着朝同一方向流动时就会发生。这在当地的电力公司中大规模地发生，他们将电力运送

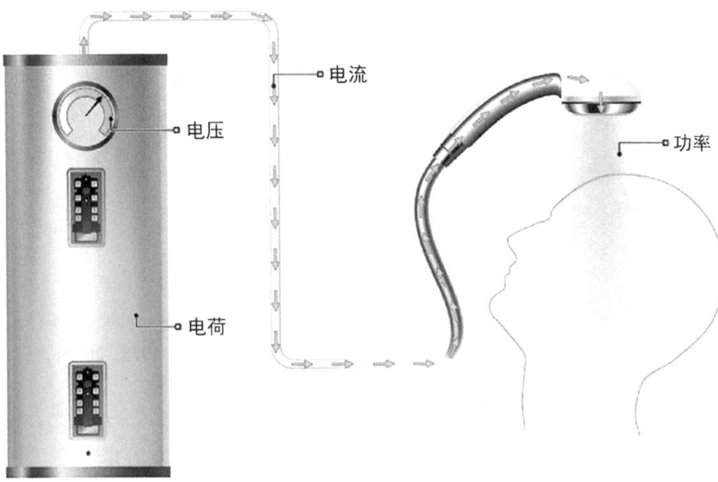

电压（E）×电流（I）=功率（P）

水压×水流=淋浴的动力

图 1-10 焦耳定律和淋浴器

到你家里。但我们还是面对现实吧，对于日常消费者来说，这并不是真正有趣的部分。我们面临的挑战是如何利用这些电流做一些更有用的事情。为此，需要一种方法控制电流。所有这些流动的电子（电流）必须被引导着通过某种材料，成为有用的电力。我们需要具有导电性的材料。

导电性衡量电流通过一种材料的难易程度。用电做有用工作的关键是控制导电性——某些情况允许电流流动，其他情况限制电流。如果你房间里的顶灯只能一直开着或一直关着，它的作用就会大打折扣。开启和关闭电流是至关重要的。不同的材料有不同的导电性，可以归纳为三大类型——导体、绝缘体和半导体，以下是一些简明的定义。

- **导体**是导电性好的材料（想想铜和铝等金属材料，它们是电子产品中最常用的导体）。导体的**电阻**很小，允许电流轻松地流过它们。电阻的测量单位是**欧姆**（Ω）。
- **绝缘体**是导电性差的材料（想想塑料或其他用于包裹电线的聚合物等材料）。绝缘体的电阻很大，能阻止或减缓电流的流动。
- **半导体**，顾名思义，是介于导体和绝缘体之间的材料——它们既可以是导体也可以是绝缘体。电子技术革命的关键是能够准确控制半导体何时导电，何时绝缘。

电线通常是由导体（如铜）被绝缘体（如橡胶）包裹而成（见图 1-11）。绝缘体通过吸收导体发出的多余电能来保护电线和周围环境。半导体含有导体和绝缘体的特性，能够更好地控制电流，使工程师可以创建更小、更复杂的系统。

铜导体
橡胶绝缘材料
橡胶内护套
橡胶外护套

图 1-11　电线

注：左为红黄蓝三芯的圆形电缆，带有绝缘的橡胶护套（Jainsoncables，2007）；
　　右为英国和其他国家常用的"双线和地线"电缆（Allistair 1978，2020）。

利用不同类型材料的特性，工程师们可以建立精心设计的系统，存储和发送信息，解决复杂的问题，并执行各种任务，使现代技术成为可能。

由于半导体是这项技术的关键，接下来我们进一步了解什么是半导体，以及它们是如何制造的。

1.2　硅——关键的半导体

半导体材料有很多种，导电性各有不同。尽管其他半导体也用在电子设备中，如**锗和砷化镓（GaAs）**，但绝大多数电子产品都是用一种叫作**硅**的元素（元素周期表的爱好者们知道，它是^{14}Si）。硅有许多优点，使它成为制造计算机芯片的理想材料——除了有用的力学性能和热性能外，它还很便宜、储量大。硅大约占地壳的 30%，是地壳中含量仅次于氧的第二大元素，可以在沙子、岩石、黏土和土壤中找到（Templeton，2015）。提纯的硅如图 1-12 所示。

图 1-12　一块提纯的硅（Enricoros，2007）

1.3　半导体简史

在我们深入研究半导体设计和制造技术的细节之前，了解它的历史和主要发明人可能会有所帮助。一旦科学家发现了硅的半导体特性，他们就能够制作简单的晶体管，基本上就是阻止电流前进或允许电流通过的开关。人们意识到，通过把晶体管排列成复杂的图案，可以引导电流沿着他们选择的路径前进，并且让它沿途做一些有用的工作。在 1947 年第一个晶体管发明以后的大约 10 年里，半导体的设计和制造既缓慢又烦琐，还特别昂贵。

单个晶体管和其他元件必须独立制造，然后用"飞线"连接，也就是用金属线将晶体管一个个连接起来。一个完整的晶体管电路实际上可以填满整个房间。这不会成为任何一种改变世界的技术革命的基础。

所有这一切在 1959 年发生了变化，它可以正式作为半导体革命的开端（也许我们不会因此而获得一个国家假日和一天的休息时间，但仍然值得关注），这起因于两个关键事件。首先，德州仪器公司的杰克·基尔比（Kilby，1964）和仙童半导体公司的罗伯特·诺伊斯发明了**集成电路**，使硬件设计者能够把许多晶体管放在一个芯片上（Nobel Media，2000）。其次，仙童半导体公司的让·胡尔尼（Hoerni，1962）发明了**平面制造工艺**，使芯片公司能够在同一时间和同一**基材**（半导体基底材料，有点像房子的地基，但用于计算机芯片）上制造许多元件（Nobel Media，2000）。基尔比因其工作于 2000 年获得了诺贝尔物理学奖。胡尔尼（已故，1924-1997）从未获得过诺贝尔奖，但他的贡献得到了广泛认可。这些核心创新——集成电路（IC）和平面制造工艺——的重要性怎么强调都不过分。它们是以设计和制造为基础的价值链的基石，半导体和计算机至今都是用它们制造的。我们将在第 3 章和第 4 章分别做详细的介绍。

1.4　半导体价值链——我们的路线图

在试图讨论像半导体这样复杂的技术话题时，真正的挑战可能是决定如何确切地讲述这个故事。我们要不要从"很久以前……"开始，按时间顺序一直讲到今天呢？我们要不要从最小的基元（如原子和电子）开始，然后一直讲到计算机和汽车这样的巨大系统呢？

在本书中，我们决定像半导体公司的运作那样讲述这个故事——从决定制造什么产品，到设计和制造产品，然后是封装和集成到系统中。

我们将这个序列称为**半导体价值链**，作为整个旅程的路线图。我们会绕道讨论一些基础知识和一些特殊的主题，但是在大多数情况下，此后的所有内容都可以跟这个核心序列的某个部分联系起来，在这个原则的基础上，帮助你理解整个行业。

从产品概念开始，半导体行业的价值链可以细分为 6 个主要部分。

（1）客户需求和市场需求

第一，必须确定对"系统"或产品的需求。新系统可以是任何东西，从火箭飞船的控制面板到下一代的苹果手机。这里重要的是有市场需求——如果没有客户，为什么要建立新系统呢？但是请记住，客户不一定会告诉你他们需要什么。想想亨利·福特的经典名言吧："如果我问人们想要什么，他们会说是更快的马。"

（2）芯片设计

第二，公司必须考虑一种产品，并据此设计出适合该产品的芯片。这个设计过程分为前端设计和后端设计。具体地说，每个步骤的情况如下。

1）**前端设计**：收集系统要求，并制定详细的原理图以创建设计概念。在进入后端设计之前，这些设计概念要进行测试和验证。

2）**后端设计**：把详细的指令清单（称为**网表**）转换为物理布局，接下来进行测试和验证，然后送到半导体制造厂（也称为**代工厂**）进行生产。

（3）制作和制造

第三，设计必须在**晶圆厂**进行制造。在这个步骤里，许多集成电路（也称为**芯片或 IC**），通过"**光刻**"工艺印在被称为**晶圆**的硅片上。

（4）IC 封装和组装

第四，把芯片切割开来，将它们单独封装在塑料或陶瓷包装中（称为 **IC 包装**），这个过程称为**组装**。在送到终端系统或产品公司之前，这些**封装-芯片组件**要进行最后一次测试。

（5）系统集成

系统或产品公司收到最终的芯片-封装组件，将它与其他元件或 IC 一起焊接到更大的**电路板**或**基板**上，并集成到最终的、可供消费者使用的产品中。

（6）产品交付

把产品送到客户手上，就可以随时使用了。

对于喜欢看图学习的读者，图 1-13 给出了半导体价值链从设计到交付的概念框架。

在大多数情况下，半导体公司专注于第 2~5 步。事实上，一些公司（称为"无厂"公司）实际上只做第 2 步。他们设计芯片，然后把大部分的其他步骤外包。公司从预测市场需求或从下游设备公司收集订单开始，把精力集中在制造能够满足客户需求的芯片上。自 20 世纪 40 年代该行业成立以来，这个价值链在概念上一直保持相对稳定。但是与此同时，每一步如何完成的组织和商业战略一直是非常动态的，由创新公司竞争提供最佳性能的芯片和最高质量的产品。我们将使用这个价值链指导对关键子过程的讨论，帮助我们从大局上理解每个步骤。

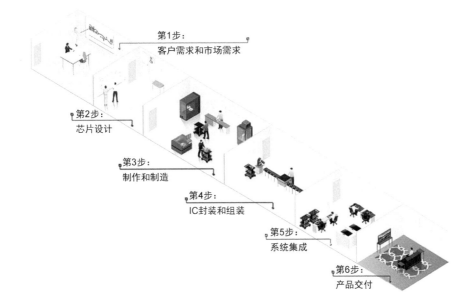

第1步：
客户需求和市场需求

第2步：
芯片设计

第3步：
制作和制造

第4步：
IC封装和组装

第5步：
系统集成

第6步：
产品交付

图 1-13　半导体价值链

1.5　性能、功率、面积和成本（PPAC）

有些半导体公司专注于价值链的设计、制造、装配和集成部分（第 2~5 步），目标是尽可能用**最低的功率**和**最小的面积**实现**最高的性能**。通常，这三个关键设计指标分别用时钟**瓦特（W）**、**纳米（nm）**和**时钟频率（Hz）**来衡量。每个半导体设计可能会根据应用情况，用其中一个指标换取其他指标。例如，为数据中心的服务器设计芯片的团队，拥有充足的空间和工业级电源，可能会专注于性能，而不太关心尺寸或功率。然而，为电池供电的手机设计芯片的团队，可能更关心功率和尺寸，而不是性能。对于任何给定的应用，目标是以**最低的成本**和**最短的时间**，在这三个约束条件下优化芯片设计。图 1-14 更好地描述了这些因素是如何相互关联的。

每个芯片都必须对 PPAC 的约束做权衡，以提供最佳的解决方案。设计团队必须瞄准他们要解决的问题，以及他们构建的电路所要解决的应用。例如，像台式电脑这样的插入式设备可能不需要像电池供电的笔记本电脑那样对功耗进行优化。反过来，笔记本电脑在面积上可能比手机等小型手持设备具有更大的灵活性。重要的是，不要忘记时间也是关键的制约因素——如果你能缩短设计周期并击败竞争对手进入市场，适当降低性能可能就是值得的。电路的应用几乎是无限的，都有独特的性能、功率、面积、成本和时间限制——重要的是要理解和做好权衡。

在半导体产品开发的过程中，市场和商业团队总是希望让所有三个指标都达到最佳：最高性能、最低功率和最小面积。在做权衡时，工程团队经常回应说：

"你们选两个，我们选另一个。"工程团队的这句话有点尖酸刻薄，但确实强调了权衡的重要性。例如，如果你真的必须拥有最高的性能和最小的面积，物理定律就会限制功耗的效率。

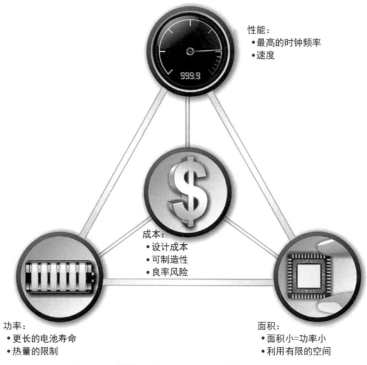

图1-14 性能、功率、面积和成本（PPAC）

1.6 谁使用半导体？

在我们谈论如何设计和制造芯片的更多技术细节之前，重要的是不要忽视我们为什么要制造它们。**美国半导体行业协会（Semiconductor Industry Association，SIA）**是半导体行业的主要商业团体之一，他们为终端应用定义了六个不同的类别（见表1-1）。

表1-1 SIA框架——终端应用

市　　场	具体应用
消费者	电视、影像、音乐、家用电器、其他消费品，如相机、游戏、智能手表、健身监测器、闹钟等
汽车	车载娱乐和信息系统、动力系统、控制系统、信息娱乐系统等

（续）

市 场	具 体 应 用
计量	个人电脑、办公设备及外围设备、手持计算器件等
工业	电源、商业物联网（IoT）设备、制造测试、控制和测量设备等
通信	手机和无线对讲机、网络和远程访问设备、基站广播设备等
政府	军事和航空电子

在这些类别中，**世界半导体贸易统计组织（World Semiconductor Trade Statistics，WSTS）**和美国半导体行业协会在 2021 年报告中指出（SIA，2021），"通信"和"计算机与办公"占半导体销售的比例最大，合计占行业收入的近三分之二。但随着汽车变得更加电气化，以及工业操作变得越来越自动化，分析师预计汽车和工业及仪器类别在未来将会增长。我们可以在图 1-15 中看到半导体都有哪些终端应用。

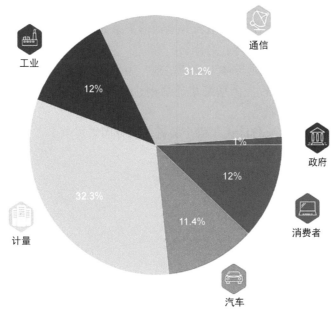

图 1-15　2020 年按终端应用划分的半导体市场（SIA 和 WSTS），
性能、功率、面积与成本的比较（PPAC）

注：原书数据与原始报告略有出入，本书使用了原始数据。

基于其独特的目的，每一种应用都有不同的 PPAC 要求和驱动因素，影响到设计、制造和装配过程的每个阶段。

1.7 本章小结

本章研究了电和导电性如何共同作用，使得半导体技术成为可能。我们讲了什么是半导体，它们能做什么，以及为什么硅是最有用的半导体。还介绍了把创意和原材料转化为芯片和完成品的半导体价值链。最后回顾了关键的 PPAC 参数，它们决定了芯片如何为其预期目的而进行优化，以及这些现实世界的应用究竟是什么。

理想的芯片是既要性能高又要功率低，占用的空间还要很小。如果能同时实现这三个目标是最理想的，但成本和时间迫使我们做出艰难的选择。价值链的每一步对芯片从概念到客户都至关重要——在每个阶段，公司通过比竞争对手更有效地平衡这些因素来争夺利润和市场份额。

1.8 半导体知识小测验

这里的五个问题都和本章有关，可以帮助你巩固在每个主题里学到的知识。这本书是"开放的"，请你随时回头重读任何有帮助的材料。

1. 定义电和导电性。它们与电流和电荷的关系如何？
2. 什么是最重要的半导体，为什么？
3. 哪两项发明是现代半导体工业的基础？为什么这些创新如此重要？
4. 在制造和生产之后，在系统集成之前，半导体价值链的哪一步是必需的？你能说出所有六个步骤吗？
5. PPAC 代表什么？你能说出哪个关键的设计因素被遗漏了吗？

第 2 章 电 路 构 件

在功能强大的计算机可以放在口袋里之前，电子电路是由电路板上的许多小部件组成的。如果打开过旧的音响或电视，你可能看见一些绿色的长方形小板子，上面覆盖着黑色、棕色和银色的盒子和圆柱体。这些电路是用所谓的"分立元件"构建的。电子电路的故事从这里开始……

2.1 分立元件：电路的构件

所有的电子设备都是用**分立元件**组合构建而成的——这是电子设备最小的组成单元。

尽管现代电子技术是由许多组件"乐高积木"构成的，但下面这些是最重要的，需要记住和理解。

1）**晶体管**：晶体管的功能类似于电子开关——它们阻止或允许电流通过。把许多晶体管串在一起，晶体管的关（0）和开（1）就可以表示和操纵信息。

2）**电阻**：电阻是一种元件，它的组成材料阻碍电流通过电路，控制电压和电流。

3）**电容**：电容是一种存储电能的元件。

4）**电感**：电感是一种利用磁场控制电流流动的设备；它们作为分立元件出现在电源中，将电池或**交流（AC）**电源转换成低压**直流（DC）**电源，用于计算机和移动设备（Murata，2010）。**电容**和**电感**调节或稳定**电压**，因此任何地方的电压都不会太低或者太高。电压太低，系统就无法完成其工作；电压太高，就可能损坏系统。

5）**二极管**：二极管有点像晶体管，但是它们不能像开关那样控制电流，只允许电流朝一个方向流动。它们基本上充当了电的单向闸门（或阀门）。你可能很熟悉**发光二极管（LED）**，这是一种特殊的二极管，可以帮助你在夜间阅读，让聚会更有趣。

这五种主要组件用来控制电的流动。它们既可以是分立的（单独制造），也可以是集成的（在同一基片上制造），在尺寸和维度上有很大差别。我们可以在图 2-1 中看到每个部件的示意。

非集成的分立元件之所以称为"分立"，一方面是因为它们是彼此分开制造的，而不是所有元件都在一块**晶圆**上。另一方面，**集成电路**是由许多"功能"元件集成在一个**基片**上组成的，基片是构建集成电路的基底半导体材料，有点像房子的地基，只不过是在微观尺度（Saint & Saint，1999）。与其分别制造一定数量的晶体管、电阻、电容和二极管，并在事后将它们连接起来，不如利用专门的制造技术如光刻技术，将图案刻蚀在同一个**芯片**（**chip**，也称为 **die**）上。

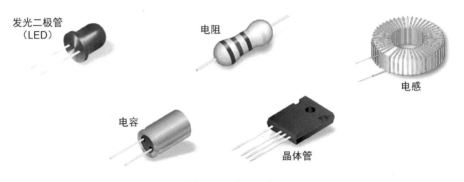

图 2-1　分立元件

一个先进的**芯片**实际上可以有几十亿个单独的**功能元件**，执行的功能与单独制造的**分立元件**相同。这里的重要区别是，它们是集成的，与电路的其他部分制造和集成在同一基片上。此外，可以在一块晶圆上制造几千个甚至几万个集成电路。把这些功能元件紧密地集成在同一个芯片上，并且同时制造几千个芯片，可以节省功率（更小的系统），提高速度（更大的密度），减小面积，从而进一步降低制造单位成本（更少的材料和更少的工艺流程）（New World Encyclopedia，2014）。

小系统需要的功率也比较小，原因很简单——沿着长电线驱动电流比短电线需要更大的功率。芯片的集成度越高，功能部件之间的距离就越近，将所有东西联系在一起的互连和导线也就靠得更近。尽管所有这些分立元件都很重要，但我们将特别关注晶体管。

2.2　晶体管

在讨论各种元件时，**晶体管**得到了很多关注，这是有原因的——晶体管是现代最重要的发明之一。在晶体管之前，计算机是用**真空管**制造的，这些真空管体积大、效率低，而且很脆弱。第一台功能性数字计算机，称为 ENIAC，是由数以千计的这种真空管以及**电容**和**电阻**组成的（Hashagen et al.，2002）。直到 1947 年威廉·肖克利、约翰·巴丁和沃尔特·布拉顿在贝尔实验室发明了晶体管，计算机才开始迅速演变为我们今天看到的微电子。这些科学家因为他们的工作获得了

1956 年诺贝尔物理学奖（Nobel Prize Outreach AB，1956）。

　　真空管和晶体管的区别如图 2-2 所示。真空管（左）看起来像一个灯泡，与晶体管（中）相比，它明显脆弱，而晶体管由金属制成，并且包裹在保护性的塑料包装中。**ENIAC** 是由 J. 普莱斯珀·埃克特和约翰·莫奇利于 1946 年在宾夕法尼亚大学发明的，基本上是一个装满真空管的巨大房间，占地大约 160 平方米，重约 50 吨（U. S. Army，1947）。我们可以在图 2-3 中看到它的照片（左），旁边的照片（右）是用芯片实现的 ENIAC（ENIAC-on-a-Chip）（1996）。这个芯片的尺寸为 7.44 mm×5.29 mm，旁边放了一枚硬币作为参考，展现了几十年来半导体工业在缩小计算机尺寸方面取得的进展（Hashagen et al.，2002）。真空管仍然用于微波炉和音频设备等特定应用，但晶体管已经取代它成为现代电子产品的主要构件。图 2-2（右）中的晶体管框图描述了构成早期**双极型晶体管**的**基极**、**发射极**和**集电极**。如果你需要帮助想象晶体管的结构，可以参考图 2-2，我们很快就会讨论。

图 2-2　真空管与晶体管（Ikeda，2007）（Reinhold，2020）

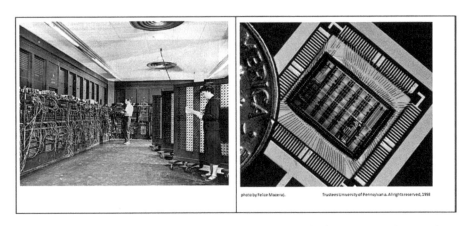

图 2-3　ENIAC 与 ENIAC-on-a-Chip（U. S. Army，1947）（Hashagen et al.，2002）

晶体管是一种半导体器件，最简单的形式像一个开关。利用来自电池或其他电源的电压，晶体管控制着一个叫作**栅极**的东西，能够阻止或允许电流通过。晶体管的"开"模式（让电流流动）和"关"模式（让电流停止）是**数字电子电路**中使用的**二进制计算机语言**的基础。计算机能够将这些 1 和 0 的模式解释为信息（称为**信号**），还可以对其进行操作、处理和存储。就像电报员用莫尔斯码的不同脉冲发送信息一样，通过控制电子的流动，使得计算机能够处理和存储信息。

2.3 晶体管结构

现代晶体管（称为**金属氧化物场效应器件**，或 **MOSFET**）有三个主要部分——源极、栅极和漏极。**源极**是电流或信号产生的地方；**漏极**是信号离开的地方；**栅极**位于它们之间，决定是否让信号通过（Riordan，1998）。MOSFET 晶体管的源极、栅极和漏极类似于早期双极型晶体管的发射极、基极和集电极。

这些组块都是由硅或其他半导体材料制成。就其本身而言，它们并不是很有用，因为如果我们施加足够的电压，电流就会通过。当我们在一个称为**掺杂**的过程中操纵这些组块时，神奇的事情发生了。在这个过程中，每个中性块被注入一种材料（称为**掺杂物**或杂质），这种材料要么有多余的电子，要么是缺少电子（Honsberg & Bowden，2019）。由此产生的具有多余电子的组块称为 **n 型（负的）半导体**，而缺少电子的组块称为 **p 型（正的）半导体**（Sand & Aasvik，2019）。晶体管可以由一个 n 型半导体夹在两个 p 型半导体之间制成（**PMOS 晶体管**），或者反过来也可以（**NMOS 晶体管**）。需要注意的是，栅极的电荷与源极和漏极不同。无论哪种方式产生的器件，现在都可以投入使用了。

2.4 晶体管如何工作

为了演示的目的，想象一个 NMOS 晶体管，由一个 p 型半导体夹在两个 n 型半导体之间制成。尽管源极、栅极和漏极携带的电子有的少有的多，但由此产生的组合实际上是电中性的。没有电源或电压，晶体管不导通，电子不能流过这个系统。幸运的是，电磁力使相反的电荷相互吸引，如果我们在栅极上施加正电压，来自源极和漏极的带负电的电子就会被这个电压吸引，而栅极中的正电荷则被推开。这样就建立了电子可以流过的"**通道**"，允许电流通过（Channel MOSFET Basics，2018），这个过程如图 2-4 所示。

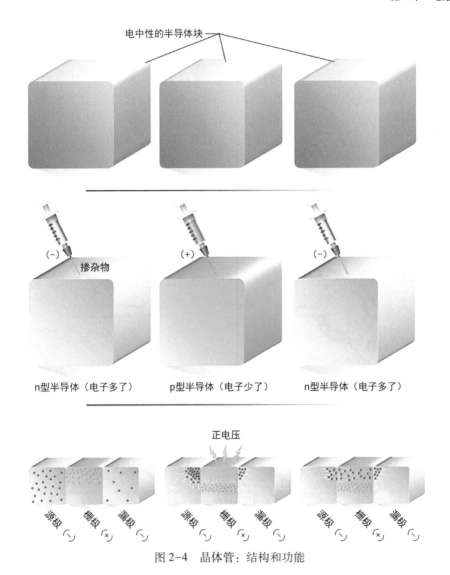

图 2-4　晶体管：结构和功能

2.5　晶体管如何工作——用水来比喻

　　有点晕乎了？别担心。我们用大家熟悉的东西来解释晶体管是如何工作的。把电荷想象成水，而电流就像水在管道中流动。在理论上，我们可以改变电压的大小，从而控制流经栅极的电量，就像扭动旋钮来打开或关闭阀门。在一些模拟电路中，就是这样做的，那里的电压和电流受到严格的控制。但是在更常见的数字应用中，晶体管就像一个开关，阻挡或允许电子通过。这就是我们大多数人熟悉的二进制计算机语言的来源。每个比特由一个"开"（1）或"关"（0）的栅极组成。

　　这个类比如图 2-5 所示，单独的"阀门晶体管"可以组合成更高层次的**逻辑门**，如"与门"（AND）和"或门"（OR），然后可以用来编制更复杂的逻辑（很快会有更多关于逻辑门的介绍）。打开或关闭数以千计、数以百万计或数以亿计的这些管道，就可以利用水流创造精心设计的模式和序列。然后，计算机的"大脑"可以读取不同的序列，并使用这些指令来保存文件，发送电子邮件，或者搞个自拍。把阀门换成晶体管，把水换成电子，你就有了一个复杂的电子系统！

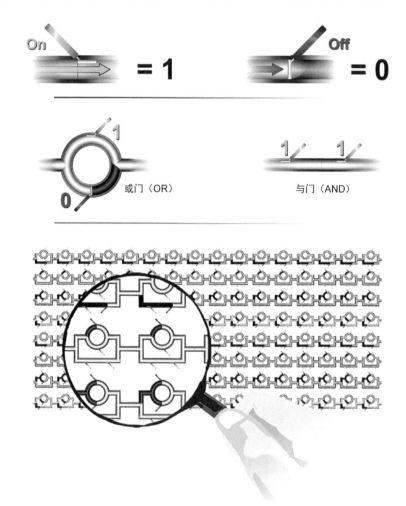

图 2-5　晶体管：用水流来比喻

2.6　FinFET 与 MOSFET 晶体管

　　从 20 世纪 60 年代贝尔实验室粗笨的晶体管，到现代电子学中的微小晶体管，晶体管的结构一直在不断地进化。有两种主要的晶体管类型——**双极型结式晶体管（BJT）**和**场效应晶体管（FET）**。为了说明问题，我们在水的比喻中描述了简单的双极型晶体管。在现实中，双极型晶体管的应用范围有限，比如无线和音频设备的电源管理和信号放大（Electronics Tutorials，2021）。

在这些有限的应用场景之外，大多数现代计算设备都是用场效应晶体管制造的。在场效应晶体管家族中，最流行的晶体管类型是 **MOSFET（金属氧化物半导体场效应晶体管）**（Teja，2021）。它于 20 世纪 70 年代在贝尔实验室开发，几十年来一直是微电子设计和制造的基石。粗略地说，这意味着用一种称为金属氧化物的特殊材料把栅极和通道分开，而**电场**（通过施加在栅极上的电压）用来在源极和漏极之间创建通道。你不用了解这背后的物理学原理，只要知道有一些结构上的差异，使得 MOSFET 与其他类型的晶体管不一样。

随着半导体技术的不断发展，工程师们设计出富有创造性的新方法让它们更有效率。在晶体管达到其物理极限时，新一代的器件 **FinFET 晶体管**帮助应对性能的挑战。传统的 **MOSFET** 晶体管是二维结构，栅极只覆盖通道的顶部，而 FinFET 晶体管抬高了电流可以流过的通道，允许栅极在三面包围它（Cross，2016）。

这些结构的差异如图 2-6 所示。左边是传统的二维平面 MOSFET 晶体管。右边是更先进的三维 FinFET 晶体管。通过抬高源极和漏极因而从三面包围栅极，FinFET 晶体管可以更有效地控制通过晶体管的电流。FinFET 这个词不是技术术语，它只是指栅极翻转到侧面，看起来像一个"鳍"（英文单词"Fin"）。

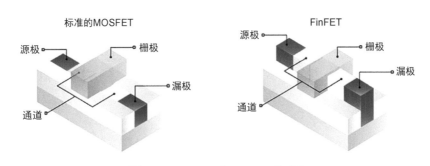

图 2-6　MOSFET 与 FinFET 的对比

虽然 FinFET 晶体管更难制造，但它们可以更好地控制电流的流动，消耗的功率更少，还减少**漏电流**（Cross，2016）。目前，FinFET 和 MOSFET 晶体管是生产中的主要晶体管，尽管还有新的发展正在出现。特别是其中的两个——**全包围栅极（GAA）晶体管**和**纳米片晶体管**——将实现更强的控制和显著的性能优势。最后一章"半导体和电子系统的未来"将讨论这些问题。

2.7 CMOS

规模化生产高性能的集成电路既有挑战性，花费也很大，特别是当晶体管的尺寸变得越来越小的时候。今天，大多数芯片使用先进的 **CMOS（互补金属氧化物半导体）** 技术来完成工作。CMOS 既可以用来指电路本身，也可以指用于制造集成电路的设计方法和工艺。CMOS 里的 C 指的是"互补"，也就是同时使用 p 通道和 n 通道的晶体管——信不信由你，早期技术只使用 n 通道或 p 通道的晶体管，所以 CMOS 是一项重大发展。长期以来，CMOS 一直是集成电路设计和制造的主导技术，在功耗、面积和成本方面比**双极型半导体制造**等专业技术更有竞争优势。

每一代 CMOS 技术都是通过一个称为**几何缩减**的过程缩小晶体管和其他元件来实现这些优势。几何缩减的关键指标是**栅极长度**——实际上就是源极和漏极之间的距离。这个长度越小，整个电路就越小，电流在元件之间需要传输的距离就越小。当你听到人们谈论"7 nm 技术"时，7 nm 指的是栅极长度。当英特尔公司的创始人戈登·摩尔（Gordon Moore）提出他著名的预测时（正式的名称是**摩尔定律**：由于晶体管尺寸的缩小，计算机处理能力将每两年翻一番），他指的是几何缩减。我们可以在图 2-7 中看到这种趋势，该图显示了从 1970 年至 2020 年发布的主要处理器的晶体管数量。

摩尔定律：微芯片上的晶体管数量每两年增加一倍

摩尔定律描述的经验规律指出，集成电路上的晶体管数量大约每两年翻一番；这种进步对于计算机技术进步的其他方面——比如处理速度或计算机的价格——也很重要。

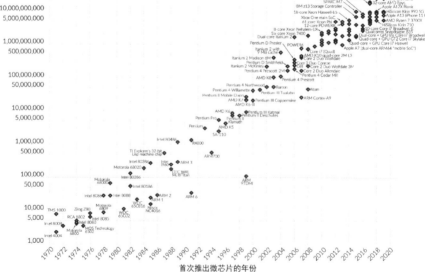

数据来源：维基百科（wikipedi.org/wiki/Transistorcount）

图 2-7　摩尔定律（Roser & Ritchie, 2020）

随着晶体管的缩小，它们需要更少的电力（功率），占用更少的空间（面积和成本），而且实现更快的信号处理（性能）（Schafer & Buchalter，2017）。几十年来，晶体管的几何缩减推动了**功能扩展**，可以用它衡量有意义的、真实的性能改进。由于几何缩减持续了这么久，工程界不必在每个工艺节点上从设计中挤出那么多效率。当他们准备在某个节点或栅极长度推出新一代设计时，下一代更小、更强大的晶体管已经准备好投入生产。但是近年来，几何创新的步伐已经放缓，因为研究人员已经接近了晶体管尺寸的物理和实际极限。晶体管越小，制造的成本就越高，在芯片衬底上精确刻蚀电路图案就越难。毕竟，制造的东西是由原子构成的，它总不能比原子本身还小吧？

我们可以在图 2-8 中看到各代晶体管技术的几何缩减和功能扩展之间的差别。每一代相继的半导体制造技术称为**技术节点**，或**工艺节点**。这些技术包括改进的设备、新材料和工艺改进，使得芯片制造商能够制造具有更小晶体管（以纳米为单位）的芯片。节点越小，晶体管就越小，芯片的功能也越强。几何缩减的目的是通过全面缩小晶体管尺寸来提高性能——我们把晶体管做得越小，下一代芯片的性能就越高。例如，与采用 90 nm 晶体管技术制造的集成电路相比，采用 3 nm 晶体管技术制造的集成电路运行速度更快、功耗更低、所占面积更小。功能扩展的目的是通过最大限度地利用现有晶体管尺寸来提高性能。它通过特定应用设计、更紧密的系统集成以及开发新的封装和互连技术来实现这个目标。我们将在后面的章节里讨论这些发展。

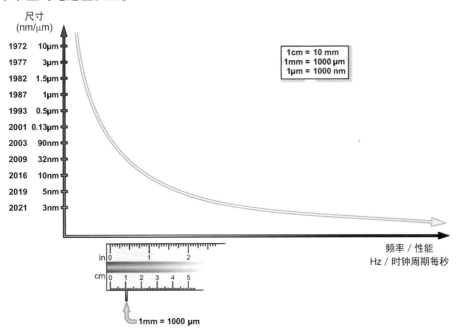

图 2-8　几何缩减和功能扩展

2.8　怎么使用晶体管

我们现在明白了晶体管是如何制造的，以及它们是如何工作的，但它们究竟是怎么使用的呢？单独的晶体管只能做一件事——打开或关闭一条电气通路。但是，晶体管在一起可以构成计算机工程的组成单元——逻辑门。

2.9　逻辑门

逻辑门是用**布尔逻辑**实现简单计算的简单电路（Fox, n. d.）。它们由至少两个晶体管构成，执行布尔运算，如"与""或"和"非"。在布尔逻辑中，结果只能是真或假，或者在基于晶体管的数字电子电路的情况下，是开（1）或关（0）。**逻辑门**可以接收多个输入数据信号，在向系统里下一个门输出信号之前，它们可以相互比较。

你可以把逻辑门想象成看门的保安，你要出示有效证件，他才让你进入酒吧。再进一步说，我们可以说保安就像一个逻辑门，他得到了严格的指示，当一群人来到门口时，每个人都必须出示有效的身份证。在数字逻辑中，我们称之为"与门"（AND），因为如果第一个输入和第二个输入为1（也就是"真"），这个门输出1。如果你和朋友来到门口，只有当你们两个人都带了有效的身份证时，你们才能进入。在这种情况，"与"条件得到满足，输出为1，你们就可以尽情狂欢。这样的情况如图 2-9 所示。

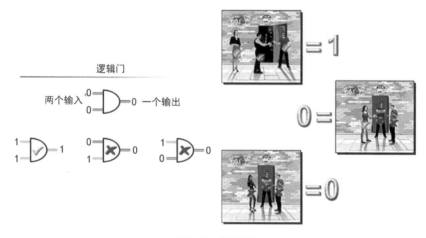

图 2-9　逻辑门

其他逻辑门如"或门"（OR）和"非门"（NOT）的工作方式类似。使用逻辑门作为最低的共同标准或功能单元，硬件工程师可以建立复杂的系统，执行重要的基本功能，比如加减乘除。

没有晶体管，信息时代就不可能到来。摩尔在 1965 年提出的计算能力每两年翻一番的美好预测，已经度过了漫长的 55 年，尽管有迹象表明这种创新的步伐正在放缓。可以说，晶体管是 20 世纪最重要的发明，导致了我们今天所知的这个世界。

在过去的两章中，我们介绍了很多内容。如果你觉得有点儿头晕，请不要担心——硅工程很复杂，但本书会帮助你。半导体的一切都有很强的关联性——你读得越多，我们讲的东西就越有意义。在下一章，我们将介绍半导体价值链的第二步——设计——并开始把所有这些不同的元素联系在一起。

2.10　本章小结

本章探讨了用于构建电子系统的主要种类的分立元件和功能构件。我们介绍了分立电路和集成电路的不同之处，以及更紧密集成的优势。用水做比喻，我们深入探讨了一种特殊类型的元件——晶体管，研究了它们的结构和功能。我们分析了 CMOS 技术和当今生产中最流行的两种晶体管——MOSFET 和 FinFET。最后，我们讲述了晶体管如何组合在一起形成逻辑门，以及如何构成更复杂的系统。

集成电路实际上只是一些功能部件的集合，它们都装在一块硅片上。晶体管是最重要的构件，它们组合成最基本的操作单元（逻辑门），运行软件并让计算机日复一日地运转。

2.11　半导体知识小测验

这里的 5 个问题都和本章有关，可以帮助你积累和巩固学到的知识。

1. 请说出本章涉及的 5 种类型的分立元件。每一种都执行什么功能？它们的区别是什么？

2. 描述晶体管的结构。它的主要部件是什么？它们是如何工作的？

3. MOSFET 和 FinFET 晶体管的区别是什么？

4. 什么是 CMOS，它可以指代什么呢？

5. 逻辑门是怎么工作的？它们使用什么样的逻辑呢？

第 3 章 构建系统

晶体管和其他关键元件推动了过去 40 年的数字革命，为所有科学学科和行业的创新提供了动力。不过，如果我们真的坐下来仔细想想，晶体管本身是相当不起眼的。源极、栅极和漏极本身并不执行任何有用的功能。只有通过几万亿的投资和几百万人类最聪明的头脑，专注于建立更复杂的设计，晶体管才能做到今天的样子。正在生产的最先进的集成电路在一个芯片上有多达两万亿个晶体管（Hutson, 2021）——想象一下，如果你的工作要求你做对两万亿件事情！这非常重要！为了完成这个壮举，硬件设计师必须在越来越抽象的水平上对电子系统进行分层和组织。本章将探讨如何设计这种先进的集成电路，但首先我们必须了解这些层次是如何结合在一起的。

3.1　不同层次的电子产品——系统是如何配合的

为了了解各个元件如何组合在一起形成最终产品，我们可以把系统层次结构形象化，其中每个层次都是其下面层次的总和（见图 3-1）。

电子系统的底层是由以下部分组成的：①直接焊接在**印制电路板（PCB）**上的单独的**分立元件**；②集成在单个芯片上的**功能元件**。

一些元器件如晶体管适合芯片级的集成，而其他元器件，比如构成系统电源电路的较大的电容和电感则适合封装或 PCB 级集成。无论是芯片级还是 PCB 级的集成，这些晶体管和元件都是基本的构件，形成了所有更高层次的基础。我们可以在图 3-1 中看到它们作为**第 0 层**的说明。

在**第 1 层**集成**电路（IC）**，整个芯片利用较小的分立元件或功能元件的组合来开发和设计。这些设计可能是具有几十亿个晶体管的异常复杂的电路，比如笔记本电脑里的 CPU，或更小的专门电路，比如 CPU 可能用于存储信息或访问数据和指令的存储器。

在**第 2 层封装层**，单个（有时候是多个）集成电路封装在保护罩中，确保它们不会受到邻近元件的干扰。多个元件可以组合成"**模块**"，它是一组较小的电路和元件，在一个单元中一起工作，从而执行一项任务。

在**第 3 层印制电路板（PCB）**，"较低"级别的较小元件焊接到电路板上，它们相互连接，形成更大的系统。在 PCB 上可以看到第 2 级的封装和模块，即电路

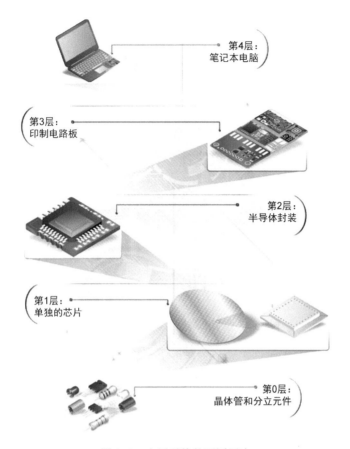

第4层：
笔记本电脑

第3层：
印制电路板

第2层：
半导体封装

第1层：
单独的芯片

第0层：
晶体管和分立元件

图 3-1 电子系统的不同层次

板上的（通常是）方形的黑色元件。印制电路板提供力学支持并作为一个基础，电子元件通过它表面刻蚀的**导电轨道**、**焊盘**和其他图案相互连接（Printed-Circuit-Board Glossary Definition，n. d. ）。

现代的电路板有很多层，因此电线在电路板内上下穿行，从这个元件到那个元件。如果你曾经拆过电子装置，就知道 PCB 是一块绿色的塑料，上面固定着所有这些黑色的小方块和长方形。不同的系统元件通常焊接到 PCB 本身。如果把电子系统看作是澳大利亚，那么 PCB 就是大陆，城市是不同的芯片，建筑物是功能元件和分立元件，而道路是将一切联系在一起的**互连**。一块真实的印制电路板（PCB）如图 3-2 所示。

在**第 4 层系统层**，所有的东西都集合在一起，形成了功能齐全的系统或产品。值得注意的是，"系统"这个词可以在不同的层次上描述一个功能齐全的、分立的结构，因为它与该层次的设计任务有关。换句话说，一家半导体公司的**系统架构**可以从事单个芯片众多部分的整体设计和集成，而该公司另一个部门的系统架构

图 3-2　印制电路板（Tronicszone，2017）

则可能将多个芯片集成到一个更大的系统中。如果你对电子设备做过点儿维修工作，比如更换手机上破裂的屏幕，你会看到在手机内部有许多不同的小的印制电路板，通过塑料电缆和连接器连接在一起。这么多块电路板和组件（如液晶屏和耳机插孔）必须在整个系统层面上共同工作。

3.2　集成电路设计流程

可以把半导体设计流程分解为六个主要步骤。与半导体价值链类似，了解从头到尾的设计流程可以作为一个支柱，在此基础上对其每个组成部分进行更深入的理解。

我们用建筑做类比，更好地展示每一步的情况，并假设我们正在设计一个标准的数字电路，尽管模拟和混合信号设备也遵循类似的步骤。这个类比的情况如图 3-4 所示。

3.3　设计过程

设计过程由六个不连续的步骤组成（见表 3-1）。

表 3-1　芯片设计与建设流程

芯片设计	建设流程
系统架构	建筑结构
前端设计	详细示意图
设计验证	核实建筑示意图
物理设计	建立原型单元
后端验证	验证结构的完整性
GDS Ⅱ生成	建立住宅社区

1. 系统架构

为了开始设计过程，**系统架构**对其团队要设计的芯片有一个想法。这个过程经常从业务和营销团队的投入开始，发现市场或客户的需求。系统架构需要具体决定这个芯片要做什么，使用什么技术、材料和元件构建它，以及团队如何评估芯片成不成功。这就像建筑业中的房地产开发商和建筑师做事情一样。在项目开始时，他们先决定建造什么（电影院、健身房、住宅）。一旦做出这个决定，他们就需要回答一些问题，比如这个建筑应该有多少个房间？每个房间应该有多大？有多少地板？使用什么材料？最终，开发商和建筑师需要确保他们正在建造的东西既能完成任务，又不超出预算限制。就像建筑业的建筑师一样，系统架构师并不只是列出他们想要的东西，把他们的要求发给其他团队，然后就收工了；他们要在整个设计过程中继续监控进度，并在每一步的过程中指导他们的团队。系统架构师并不是简单地与工程团队合作，他们还必须与商业和营销团队对接，确保他们的产品符合市场需求，而且不超出预算。

2. 前端设计

在确定了较高层次的细节以后，在施工开始前，工程师需要创建系统的详细模型。这从整体行为的高级模型开始，然后发展到更具体的模型和详细示意图。水管在哪里铺设？电线如何连接到电网？天花板和地板使用什么材料？在硅工程中，这是**逻辑设计工程师**俯下身子填写细节的阶段。对于数字系统或元件，你可能会听到这叫作**逻辑设计**或 **RTL 设计（寄存器传输层设计）**。在半导体行业的早期，为了创建单个布尔逻辑门，设计人员要手动定位单个晶体管。

今天，设计工程师使用**硬件描述语言（HDL）**，比如 **VHDL** 或 **Verilog／SystemVerilog RTL** 来描述他们希望电路做什么（RTL Register Transfer Level, 2021）。HDL 是专业的计算机"编程"语言，用于描述集成电路和电子系统的物理结构（Tucker, 1994）。物理设计工具将这些语言翻译成特定功能的门和晶体管。在这个阶段结束时，设计者应该完成了一个虚拟版本的芯片，从理论上讲，它应该在现实世界中完美无缺地发挥其作用。

3. 设计验证

与建筑业一样，硅设计是资本密集型产业。你肯定不想让建筑师在餐巾纸的背面画一些示意图，然后就开始建造，特别是如果你要建造很多单元。为了确保项目的成功，你希望有验证过程，如果建造完毕，这些示意图将转化为一个（多个）功能齐全的结构。在半导体领域，单一的芯片设计可能用于几千个甚至几百万个单元，这些单元必须制造、运输、组装并集成到一个更大的系统中。正是在这个阶段，工程师们验证了设计团队建立的东西。

验证一个复杂的设计是艰巨的任务，事实上，它占用了平均 **SoC** 总设计时间的一半以上——根据 2020 年的一些研究估计，占劳动时间的 56%（Foster, 2021）。验证是至关重要的，因为芯片制造太昂贵了——设计团队必须知道他们是正确的。**片上系统（SoC）**是一种集成电路（IC），在单一的基板上包括了整个系统。SoC 不是在连接主处理器和外围芯片（如内存 IC 和 GPU）之前分别构建，而是在同一芯片上包含所有必要的电路——后面将更详细地介绍它们。

因为有太多潜在的测试场景，或者说设备可能的使用方式，所以几乎无法对每种可能的情况都验证设计。然而，有许多技术在不同情况下都是有效的。

总的来说，最常见的验证方法是**功能验证**，它使用 SystemVerilog HDL 代码来模拟设计（Wile, Goss, & Roesner, 2005）。物理设计工具可以将 HDL 语言转化为实际的门和导线，前端验证工具又可以用同样的 HDL 语言来模拟电路的确切行为。

简单地说，功能验证就是验证设计在任何可能的条件下都能完成它应该做的事情。对于一个简单的"与门"，这几乎是微不足道的。但是对于包含 10 亿个门的处理器芯片来说，就不那么简单了。你怎么可能测试所有的条件？为了帮助管理这种复杂性，验证工程师创造了一种新的验证方式，称为 **UVM（通用验证方法）**。在这种方法中，**验证工程师**为系统的每个部分建立一个模型。然后将设计的输出与该模型进行比较，以确定电路的行为是不是符合预期。UVM 甚至有能力收集关于设计的统计资料，哪些部分已经被验证了、哪些还没有被验证。

设计中的任何缺陷都会导致从给定的**测试平台**输入产生不正确的输出，然后可以通过**调试**来识别和纠正（Wile, Goss, & Roesner, 2005）。你可以想象，这个过程非常耗费时间和资源。从某种意义上说，你必须建造你的芯片两次：一次是创建你要比较的"黄金模型"；另一次是你要制造的具体实现。

作为替代或补充的验证方法，仿真使用 **FPGA**（后面的章节有更多介绍）对设计进行编程，并在真实世界中观察电路（Chang et al., 2009）。这对于处理真实物理信号的应用特别有帮助。例如，如果你正在设计一个音频处理器，功能验证工具可以告诉你，对于一组给定的输入，你应该期待一个 24 位数字作为正确的输出。如果你的最终客户是麻省理工学院的数学教授，这很容易满足，但你真正想知道的是"它听起来怎么样？"要做到这一点，可以用新设计的音频处理器对 FPGA 仿真器进行"编程"，这样你就可以直接用耳机或扬声器听了。

FPGA 是**现场可编程门阵列**的缩写——这里的关键词是"可编程"。因为仿真器有许多最终芯片不需要的非必要电路，它几乎肯定会比最终产品更慢、更耗电。问题的关键不是要做一个准备投入市场的东西，而是要做一个可测试的原型，尽可能接近真实的情况。仿真过程既费事又费钱，但是结果更实在。

另一种验证方法是**形式验证**，使用数学推理和证明来代替仿真，验证 RTL 设计将执行其预期的功能，而不直接测试任何输入/输出的具体情况。基于仿真的验证技术采用试错的方法，猜测和测试尽可能多的方案，而形式验证试图使用理论上涵盖所有可能的输入输出组合的算法来测试设计（Sanghavi, 2010）。在形式验证中，你建立了管理设计正确行为的规则（例如，信号 A 总是信号 B 的倒数，或者时钟 X 的频率总是时钟 Y 的两倍），而工具则检查设计是否遵守了所有这些规则。然而，随着设计复杂性的提高，这种验证方式变得极其困难，限制了它在高端市场的应用（Sanghavi, 2010）。

设计过程的一部分包括为芯片的不同部分选择正确的验证策略。一些简单的输入/输出关系可能用形式验证来有效地验证，而实时的视频引擎可能需要复杂的仿真平台。

4. 物理设计

这是在物理上建造芯片的阶段。你已经构建了高层次的模型，编写了你的 RTL 代码，并验证了它的运行符合预期。芯片最终是由数以百万计的晶体管和其他电气元件组成。RTL 代码究竟是怎么变成电线和晶体管的呢？

先进的**电子设计自动化（EDA）**工具把你的前端设计团队建立的东西带入现实世界。这个过程复杂得令人难以置信，有时需要的时间可能和前端设计阶段一样长。我们可以把物理设计分成五个步骤。

1）**高级合成（HLS）**——这个阶段标志着**前端设计**的结束和**后端设计**的开始。在这个阶段，芯片用 RTL 语言（如 VHDL 或 Verilog）做了描述，并且你仿真了它应该按照预期工作。**物理设计工程师**现在准备用综合法把 RTL 代码转换成晶体管和导线。对于一个 10 亿门的设计，**合成**的过程复杂得令人难以置信。可能需要好几个小时甚至几天的时间完成这个过程。以综合工具的领先开发商 Synopsys（SNPS）为例，从其市值为 500 亿美元（截至 2021 年 1 月）来看，你就知道这个问题很难解决而且成本高昂。从一种语言转换到另一种语言，物理（或"后端"）设计工程师可以调整前端设计团队的工作，完成设计过程的下一阶段。

2）**设计网表**——高级合成的产物是**网表**，它是电路中的电子元件和它们连接的所有节点的列表。保持我们的半导体术语列表是最新的，**电路节点**是任何可以发送电信号的单个元件，无论是互连、晶体管，还是构成电路的其他元件。这些不要和**技术节点**搞混了，后者描述了制造更小的集成电路和晶体管所需的相继的几代制造技术。如果一个芯片是以电子元件的二维网络形式存在，并且有规划地放置在集成电路或电路板上，那么网表就是对哪些元件连接到哪些元件的书面描述，就像一个没有"左"或"右"的驾驶方向列表。不像设计原理图那样显示每个元件的相对位置，网表的主要目的是描述有关连接的信息（Holt, n. d.）。

3）**位置规划**——在物理设计过程的这个阶段，物理设计工程师决定所有东西的位置。特定的设计可能包括存储块和需要向这些存储器读写数据的大型逻辑块。位置规划确保这些块放在彼此的附近。物理设计工程师必须弄清楚哪些组件应该集中在一起或分开放置，哪种组合将导致最小的面积和最大的速度（记住PPAC!）。如果说网表是我们在一栋楼里所需要的所有东西的清单，那么位置规划就是我们决定把家具、电视、桌子等放在哪里，从而最大限度地有效利用我们的有限空间。

4）**安置和布线**——首先，在安置过程中，工程师决定将所有的电子元件和电路放在什么地方。一旦他们决定一个大的逻辑块需要安放在芯片的一个特定区域，就用安置工具为每一个逻辑门分配具体的位置。如果你能把你的家具分解成更小的组成部件，这就是你要决定这些子部件的位置的步骤。放置之后是**布线**，在这里**CAD工具**整合所有连接放置的组件所需的线路。一些关键的布线，如电源或高精度的信号，实际上可能是手工布线的。复习一下，网表指定了设计中的每个门及其连接方式，所以布线只是用真实的线实现所有这些连接。

现在我们就完成了，对吗？所有的东西都连接好了，并且与网表匹配，还有什么要做的吗？虽然组成芯片的功能元件已经放好并相互连接，但我们还没有分析新设计的一个关键方面——它的时序。

5）**时钟树合成（CTS）**——在时钟树合成过程中，工程师确保在电路里传递信息的电信号在整个芯片里具有正确的"时钟"节奏（VLSI Guide, 2018）。**时钟频率**，或**时钟速率**，是衡量处理器速度和性能的常用方法，评估信号通过集成电路的速度，这决定了它能多快地执行指令（Howe, 1994）。处理器是非常复杂的电路设计，工程师们想出了一些技术来管理这种复杂性，其中一项技术称为**同步设计**。同步设计在所有电路中使用一个共同的"时钟"。重要的是，信号不会在错误的时间到达芯片的不同元件，否则芯片可能会很慢甚至无法发挥预期的性能。时钟确保信号不会在错误的时间到达，并且系统的所有部分在同一时间收到**时钟信号**。如果芯片的这一侧认为它正在计算一个**时钟周期**的结果，但芯片的另一侧已经完成了这个时钟周期，就会导致计算错误。

你可以把这个过程想象成一排消防员试图用水桶灭火的过程，如图3-3所示。如果每个人都同时传递自己的水桶，那么这个队伍的工作效果是最理想的。在队伍的开头，一名消防员把水箱中的水舀到桶里，然后把水桶传给队伍中的第二个消防员。当第二个消防员把第一个桶交给第三个消防员并准备好接第二个桶的时候，第一个消防员抓起另一个桶并把它交给第二个消防员。每个水桶沿着"关键路径"传递给下一个消防员，直到它到达位于火场边上的最后一个消防员。该消防员将水"信号"抛向火场。如果一个消防员把水桶传给下一个人的时间太长，他们就没有足够的时间转身接下一个水桶。随着水桶传递速度的加快，消防员就更有可能脱手或被迫放慢传递的速度。以类似的方式，如果部分芯片的时间与决定设备其他部分处理节奏的时钟"不同步"，指令可能无法在下一个**时钟边沿**（也称为**捕获边沿**）及时完成。失败在这里不一定是不可避免的结果——仅仅因为一个消防员放慢了速度或无法掌握他们的节奏，并不意味着他们不能救火。然而，由于更多快速执行的指令被迫等待那些被延迟的指令，系统将放慢速度。虽然不一定导致失败，但这种时间问题会对系统性能产生明显的不利影响，这是芯片设计中需要考虑的重要因素。

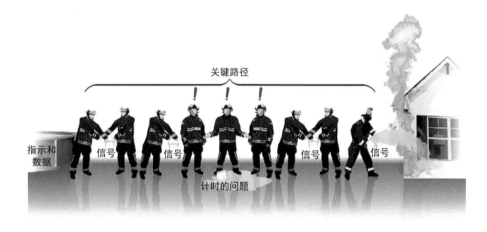

图 3-3　时钟周期和系统计时——用消防来比喻

计算和验证数字电路预期时序的常用仿真方法称为**静态时序分析（STA）**。STA 确保所有的逻辑路径相对于彼此都有正确的时序，永远不会有产生时序错误的机会。

在接下来有关模拟存储器和通用芯片架构等章节中，我们将更详细地讨论信号和时钟频率。

5. 检验（也称为物理验证或后端验证）

一旦电路准备好可以进行生产了，就会生成一个 GDS 设计文件，其中包含工厂需要的所有必要信息，包括晶体管配置、互联网络和其他将刻蚀在硅衬底上的功能元件。在生成 GDS 文件发送给半导体工厂（**代工厂**）之前，**检验工程师**需要仔细检查一个芯片可不可以制造。他们使用 **EDA（电子设计自动化）**软件工具来验证该芯片是不是符合所选代工厂的所有规则，比如**设计规则检查器（DRC）**。根据芯片尺寸以及导线和晶体管可以放置得多近，限制条件可以有所不同。你可以把这些验证工程师想象成检查员，在建造其他住房社区之前检查你的"样板房"。

6. GDS II生成

GDS II是一种标准化的格式，在IC设计周期结束时把完成的设计发送给工厂（Rubin，1993）。想想看，它就像你在完成一个项目时可能发送给经理的Word或Excel文件，只不过这个文件是几百万美元的工程智慧的结晶，包含了准备制造的最终芯片设计。从事数字项目的物理设计工程师经常使用"RTL-to-GDS"这个短语来描述他们的工作。这是指将前端RTL设计转化为准备制造的GDS的物理设计过程。在许多公司，这个创建**GDS文件**并将其发送给代工厂的过程仍然被称为录出（Tapeout）。这个术语的起源可以追溯到半导体行业的早期，当时最终的GDS文件存放在大的磁带上，然后运送到代工厂，也许只是从硅谷的工程大楼走到街对面的工厂。值得庆幸的是，今天这些文件可以通过服务器（FTP）在几分钟内发送到世界各地。

请注意，在图3-4中，为了说明问题，我们把第4步和第5步描绘成带引线的完整包装。在现实世界中，物理设计过程将产生一个芯片布局，而不是一个全部完成并封装好的芯片。

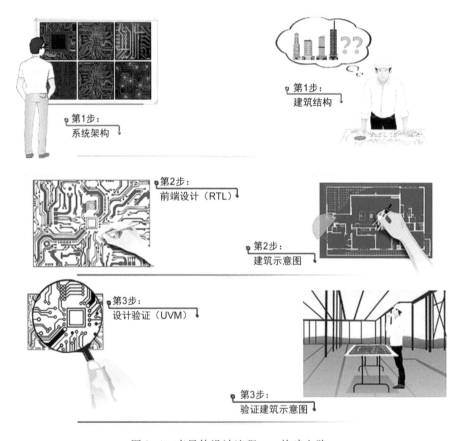

图3-4　半导体设计流程——构建电路

图 3-4　半导体设计流程——构建电路（续）

制造——好的，一切就绪。你的团队把完成的 GDS Ⅱ 文件送到工厂，现在是制造集成电路的时候了。说到微电子，这个任务可不简单。几十亿相互连接的晶体管和其他电气元件可以装在一个芯片上，而制造过程既不简单，也不便宜。还可能需要很长的时间，长得令人难以置信。从你发送 GDS 文件到你拿到成品晶圆，现代工艺可能需要 12~16 周。下一章"半导体制造"将介绍这些工艺和技术中的许多内容。

上面给出了大量需要学习的信息，在此简单回顾一下，半导体设计过程的 6 个步骤是：

1. 系统架构；
2. 前端设计；
3. 设计验证；
4. 物理设计；

5. 后端检验；

6. 制造与装配。

3.4　EDA 工具

EDA 是指电子设计自动化，也称为 e-CAD（电子计算机辅助设计）。由于单个芯片上有多达几十亿的元件，建构师和设计者不能仅仅在一张纸上勾勒出芯片设计。在整个设计过程中，EDA 工具帮助硬件工程师和芯片设计师构建电子系统。在 EDA 之前，集成电路是手工布置的，这个过程既漫长又艰苦。当设计只有几百个晶体管的时候，还是可以做到的，但今天不行了。为了解决整个设计流程中的挑战，EDA 供应商开始开发工具，从功能验证到高层次综合的一切，都实现了自动化和简化（Nenni & McLellan, 2014）。EDA 公司帮助开发和推广 **VLSI HDL**，如 Verilog 和 VHDL，使设计流程自动化，并推动技术进一步发展（Nenni & McLellan, 2014）。

2020 年 EDA 工具市场价值约 110 亿美元，预计到 2026 年将增长到 210 亿美元以上（Mordor Intelligence, 2021）。三个最大的 EDA 工具公司是楷登电子科技（Cadence）、新思科技（Synopsys）和明导国际（Mentor Graphics）。

我们已经彻底探索了半导体价值链的第二个阶段，跟随芯片从系统架构师的想象一直到可供生产的蓝图。好的设计本身并不比你的梦幻家园的图纸更有用——我们已经走到了一半，但是离登堂入室还远着呢。接下来我们将介绍半导体价值链的第三步——让我们看看半成品是如何制作的。

3.5　本章小结

本章将电子系统分解成五个不同的层次——设备、PCB、封装、芯片和元件——每一层都建立在下面所有层的抽象之上。从这里开始，我们深入研究了硅设计流程。从系统架构开始，我们通过前端的 RTL 设计和验证，再通过高级综合，到达后端的物理设计和验证过程。五个主要的物理设计步骤中的每一个——HLS、设计网表、位置规划、放置和布线以及时钟树合成——最终形成了 GDS Ⅱ 文件，准备送到晶圆厂进行生产。最后，我们了解到设计周期既艰巨又复杂，而 EDA 工具如何降低了设计的成本和难度！

3.6　半导体知识小测验

这里的 5 个问题都和本章有关，可以确保你理解了学到的知识。

1. 我们讲述了电子学的哪 5 个层次？所有更高的层次是在哪个层次上建立的？

2. 你能说出集成电路设计流程的每个阶段吗？每个步骤与建筑的类比关系是怎样的？

3. 仿真验证、功能验证和形式验证有什么区别？各自的优点和缺点是什么？

4. 硅设计流程的哪个阶段代表了前端设计和后端设计之间的过渡？在这个阶段会发生什么？

5. EDA 工具怎样帮助硬件设计者建立更好的系统？

第 4 章　半导体制造

我们跟随一个新芯片的旅程，从高层次的系统架构开始，经过一系列平行的设计步骤和子流程，最终要把我们的新芯片付诸实施。不过，半导体制造可不是小菜一碟——制造包含几十亿个晶体管以及特征长度只有几个原子厚度的集成电路，这项工作举足轻重，必须以外科手术般的精度完成。本章将探讨从前端制造到最终组装和测试的每一个步骤。不过在开始之前，我们必须了解一些基本术语。

4.1　制造业概述

半导体制造是高度复杂和超级精密的过程，需要在被称为**晶圆厂**的专业芯片工厂进行，那里充满了尖端设备，价值数亿甚至几十亿美元。这个复杂工艺的产品可以是每块晶圆有几十个到几百个甚至几千个成品集成电路，取决于**芯片面积**和**批量良率**。

制造不同类型的半导体设备，需要独特的工艺。你可以把它们视为成功制造的"配方"。每种配方包含了各种技术组合的步骤，才能成功地把设计从 GDS 变为现实。在行业内，这些工艺配方称为**技术节点**、**工艺节点**，或者就是**节点**。节点这个词指的是某一代工艺技术的最小特征尺寸。特征尺寸以**纳米（nm）**为单位，1 nm 是 1 m 的十亿分之一。从这个角度来看，一张纸或一根人类头发的厚度约为100000 nm（NNI, n. d.）。例如，先进的 3 nm 节点的晶圆厂生产的芯片，含有的晶体管比 90 nm 节点晶圆厂的多得多，因为每个晶体管都小得多（PCMag, n. d.）。

每当一种工艺技术实现了更小的晶体管尺寸，新的节点就诞生了。如果你听到工程师或新闻主播讨论英特尔古老的"14 nm 节点"与台积电开创性的"5 nm 节点"，他们讨论的是台积电制造的晶体管可以达到 5 nm 的尺寸，而英特尔只能制造特征尺寸 14 nm 的集成电路。基于栅极长度的先进技术的行业命名系统具有欺骗性，并不能反映真正的特征尺寸，实际上落后了许多纳米。然而，为了简单起见，也许还为了避免台积电或格罗方德的营销部门发来愤怒的电子邮件，我们将假设这些尺寸是准确的（IRDS, 2020）。正在开发的最先进的技术节点是 2 nm 工艺节点，三星计划在 2025 年投入生产（Shilov, 2021）。

图 4-1 细分了 2019 年 SIA 和 BCG 的数据，描述用哪几代制造技术（节点）制造哪种类型的半导体器件。内存芯片具有较小特征尺寸、重复特征集和较简单架

构，它们是用最先进的节点制造的，而分立、模拟、光电和传感器（DAO）器件则使用较老的、相对落后的技术制造（Varas et al.，2021）。沿 x 轴标注的每个工艺节点旁边是目前在该节点生产的晶圆的百分比。在 2019 年的所有晶圆生产中，不到 2% 的晶圆生产使用 10 nm 的设备和工艺技术，37% 的节点生产使用 10～22 nm 的制造技术，以此类推。请注意，虽然最先进的节点得到了所有的赞誉，但大量的芯片是在大于 90 nm 的几十年前的节点上制造的。**晶圆生产（a wafer run）**是半导体制造过程中的一个轮次，从最初的**晶圆制造**到**晶圆切割**过程中把各个芯片分开，我们将在接下来的章节中详细讨论这些过程。

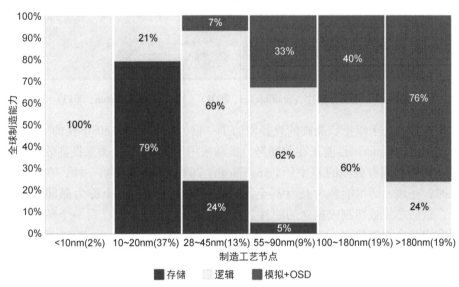

图 4-1　2019 年的半导体制造能力利用情况，按节点和元件类型划分（SIA 和 BCG）

制造过程分为两个部分——前端制造和后端制造。简单地说，前端制造把你想要的电路放到硅片上，而后端制造把硅片上的各个芯片准备好用于客户的系统。我们将在接下来的章节中分别详细探讨。

4.2　前端制造

前端制造的第一步称为**晶圆制造**。晶圆是一片薄薄的半导体或衬底（也称为基片），可在其上构建任何数量的芯片。硅片的生产是，首先熔化**氧化硅**和碳的混合物，并将它们塑造成称为**硅锭**的圆柱形物体（Stahlkocher，2004）。然后，把硅锭切成薄的、待完成的硅片，准备用于制造。用于制造的晶圆通常是圆形的，带有一个平边，使工程师和设备更容易拿放晶圆。我们可以在图 4-2 中看到展示的硅锭（左）和硅片（右）。

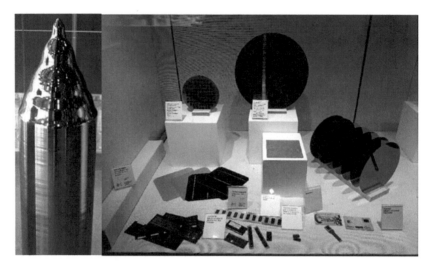

图 4-2　硅锭与硅片（Stahlkocher，2004）（Mineralogy Museum，2017）

在过去的几十年里，晶圆的直径增加了一倍，从 20 世纪 80 年代的 150 mm 到现在使用的 300 mm，目前正在共同努力推动采用 450 mm 的晶圆来提高效率和增加产量（每个晶圆有更多的芯片）（AnySilicon，2021）。就像邮票一样，在制造过程结束时，一块晶圆可能包含几百甚至几千个芯片，随后在一个称为**晶圆切割**的过程中，这些芯片被切割成独立的芯片。我们可以在图 4-3 中看到一个经过处理的晶圆和它包含的芯片。

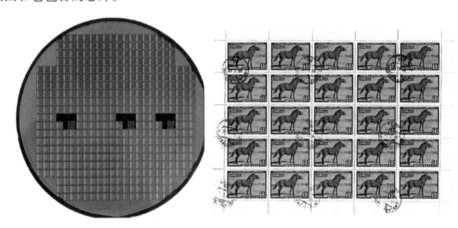

图 4-3　加工过的晶圆与邮票（Silicon Wafer，2010）（STAMPRUS，1959）

一般来说，晶圆制造的过程就像一层一层地制作一个蛋糕。这确实把事情过度简化了，但从本质上讲，前端制造工艺的不同步骤就是以功能齐全的芯片所需的制造精度和准确度，把复杂的基片、电路和其他材料一层一层地叠加起来。

我们可以花大量的时间将前端晶圆制造的步骤分解成数不清的工艺、子工艺和技术（别担心，这不是威胁），但为了简明起见，我们把大多数主要的前端晶圆制造工艺分为四大类。

1. 沉积

这类工艺包括将称为**薄膜**的材料添加到晶圆表面的一系列过程（STMicroelectronics，2000）。可以采用多种技术来完成，如**原子层沉积（ALD）**、**分子束外延（MBE）**、**物理气相沉积（PVD）**和**电化学沉积（ECD）**等。你不需要了解这些工艺中的每一个，只需要知道有很多这样的工艺。为了将材料层正确地沉积到晶圆的表面，在一个充满氧化气体的炉子里加热晶圆，这个过程叫作**氧化**。在我们的蛋糕比喻中，沉积是添加蛋糕液或糖霜层的地方。

读者可以看到图 4-4 中从左到右的 ALD、MBE 和 ECD 设备。不需要工程博士就能看出，这种设备既复杂又昂贵。现代化的生产设施里充满了这样的机器，数以百计，所以要花费几十亿美元。

图 4-4 ALD、MBE 和 ECD 沉积设备（Potrowl，2012）（Paumier，2007）
（Argonne National Laboratory，2008）

为了更好地说明沉积过程中发生的事情，我们可以放大和分析一个叫作**物理气相沉积（PVD）**的常见过程，如图 4-5 所示。在这个过程中，晶圆基片放置在**真空室**中，对面是称为**溅射靶**的材料。**溅射气体**被推入真空室并对准溅射靶材。溅射靶材上的原子随后被轰击并脱离溅射靶材，再被引导到晶圆基片的表面，在那里形成一层称为薄膜的材料。其他沉积过程可能使用液体或其他材料进行"分层构建"，但这是一个很好的例子，说明了沉积过程的一般工作机制。

2. 图案/光刻

这个步骤包括塑造或改变晶圆上的材料的过程。在图 4-6 和图 4-7 所示的**光刻**过程中，晶圆及其组成材料首先被涂上一种称为**光刻胶**的化学物质，它在光的作用下分解（Valentine，2019）。一个称为**步进器**的巨型机器从晶圆上方对准**光刻掩膜版**。这个光刻掩膜版是针对给定芯片设计的单层处理工艺。然后，步进器让

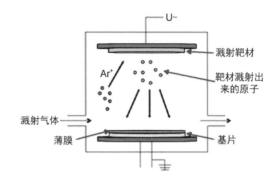

图 4-5　物理气相沉积（PVD）过程（Aldrich, 2018）

独特波长的光（通常是深紫外光）穿过掩膜版并照射到晶圆上。掩膜版帮助在晶圆上创造了所需的图案，使得暴露在这种光线下的区域的光刻胶软化。同样，在**电子束（e-beam）光刻**过程中，一束电子——而不是光——通过掩膜版照射，在晶圆上留下印记（Rai-Choudhury, 1997）。我们可以在图 4-8 中看到步进器和光刻掩膜版的图片。

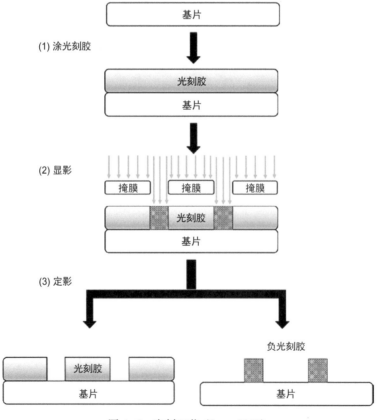

图 4-6　光刻工艺（Iam, 2017）

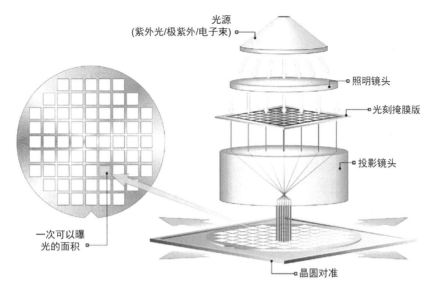

图 4-7 图案化和光刻技术——在步进器内

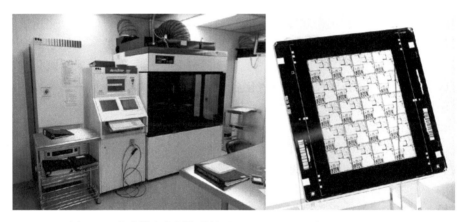

图 4-8 步进器和光刻掩膜版（A13ean, 2012）（Peellden, 2011）

这种图案刻蚀过程可以发生几十次，一些先进的设计生产需要超过 75 个不同的掩膜。一旦光刻胶被清除，金属或其他材料可以被沉积到剩余的区域，形成连接各个晶体管和功能特征的导线。你可以把图案化或平面印刷过程看成是用模板画图，只不过这里的模板是**掩膜版**，而笔是一束光或电子。

制造的细节听起来可能很无聊，但光刻技术是一项关键的瓶颈技术，在过去几十年里，它使几何尺寸的缩小与摩尔定律的预测保持同步。每一代光刻设备都使工厂能够刻蚀的基片特征图案变得更小，并在每个芯片上封装更多的晶体管，从而提高速度，降低成本，并全面提升电源效率。为了成功实现最先进的工艺节点，光刻设备供应商必须不断寻找创造性的新方法来制造越来越小的图案和晶体管。其中一个方法是使用更短的**光波长**，如**极紫外（EUV）光刻技术**，此项技术从 20 世纪 80 年代以来一直在开发，近年来才投入生产，用于大批量制造（Samsung，2020）。

想要理解为什么光刻技术如此关键，重要的是要先了解通常使用的光的波长。多年来，光刻技术的主要光源的波长为 193 nm。光只能直接刻蚀与其自身波长一样大的特征图案，随着晶圆厂转移到 250 nm 节点以下，这成了严重的问题（Samuel，2018）。光学变通方法和使用多个光刻掩膜版，让工厂能够刻蚀的图案比 193 nm 光波长直接允许的更小，但随着半导体特征尺寸越来越小，用 193 nm 波长的光进行光刻变得越来越困难（Samuel，2018）。这就需要使用极紫外光（EUV），它在更短的 13.5 nm 波长下工作（ASML，2022）。

随着这项技术的发展，光刻设备变得非常昂贵，单个 EUV 系统整合了来自全球 5000 多个专业供应商提供的部件，总成本高达 1.5 亿美元（Varas et al.，2021）！

随着制造商追求越来越小的节点，你可以期待光刻技术的持续创新。笔者确信 SEUV（超级极紫外光刻）就在不远的未来。

3. 移除

沉积将薄膜材料添加到晶圆上，然后移除，你猜对了，就是移除它们。一旦电路的"图片"被印在沉积和图案化的光刻胶和底层薄膜上，就可以使用**湿法刻蚀**或**干法刻蚀**以及**化学机械平坦化（CMP）**等去除工艺，洗掉不再需要的光刻胶材料，留下一个区域，以后可以在底层晶圆材料上填充所需的金属、氧化物、晶体管或无源元件。湿法刻蚀使用液体化合物，而干法刻蚀使用气体化合物，消解未受保护的薄膜材料，并"刻蚀"出底层电路的图案（STMicroelectronics，2000）。

4. 物理性质的改变

这个过程改变晶圆的电气或物理特性，它们决定了晶体管和其他功能部件的行为和性能。这类工艺包括**掺杂**、**快速热退火**、**紫外光处理（UVP）**等。在掺杂过程中，一些材料（称为掺杂物）被射入晶圆表面下，这个过程称为**离子植入**或**离子导入**。这些材料产生正电荷和负电荷，用于促进控制和改变叠加晶体管和其他电路的导电性（STMicroelectronics，2000）。正如我们在第 2 章讨论的那样，**掺杂物**对晶体管的正常工作至关重要，因为晶体管需要电荷差来控制它的栅极和通道。

4.3　循环——金属前和金属后工序

以上四种工艺类型中的每一种都要重复多次，才能在我们的晶圆"多层蛋糕"中正确地制造出足够的层。四个步骤并不一定以相同的顺序进行，而且有些步骤（如物理性质的改变）比其他步骤（如沉积和图案化）要少得多。例如，一个典型的周期可能是这样的：

1）在晶圆上掺入离子材料；

2）在晶圆表面沉积氧化物材料；

3）通过晶圆掩膜制作光刻图案；

4）通过湿法刻蚀工艺将暴露的光刻胶溶解在化学溶液里。

然后根据需要，多次重复这个循环，一些高端芯片在一次生产中需要几百个步骤。图 4-9 将前端制造过程总结为 6 个主要步骤，这些步骤可用于 FEOL（前道工序）的金属前工序和 BEOL（后道工序）的金属后工序。

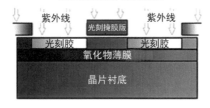

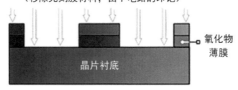

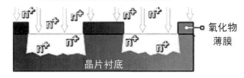

6. 重复
直到晶圆准备好用于金属沉积和互连制造

图 4-9　前端制造循环

在前端制造的早期阶段，晶体管是在晶圆制造过程的**前道工序（FEOL）**"金属前工序"部分直接刻蚀到晶圆上的。

晶体管阵列形成后，晶圆经过**前道工序（BEOL）**处理，其中金属互连材料（通常由铝或铜制成）使用与 FEOL 制造相同的 4 种工艺分层沉积在电介质材料中（Singer, 2020）。**介质材料**使金属互连彼此绝缘，并提供结构支持（Singer, 2020）。这些互连线将各个部件相互连接，形成逻辑门和其他电路，将系统连接在一起（Singer, 2020）。现代设备可以有 15 层之多，上层使用**垂直通孔结构**连接到底层组件上。图 4-10 和图 4-11 显示了低层局部互连和高层全局互连，而图 4-12 显示了后道工序（BEOL）金属后工序。

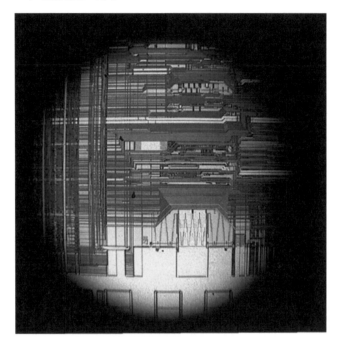

图 4-10　全局互连——英特尔处理器（Gibbs, 2006）

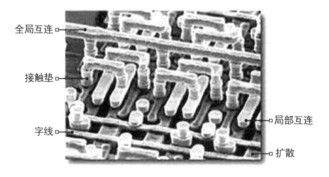

图 4-11　全局互连和局部互连——IBM SRAM 内存芯片（IBM, n.d.）

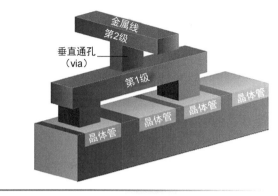

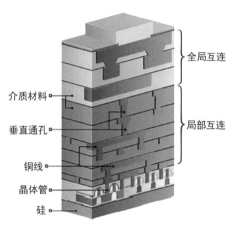

图 4-12　后道工序（BEOL）制造工艺——金属沉积和互连形成

一个复杂晶圆的整个前端制造过程可能需要几十个掩膜层，需要几周时间才能完成。这些挑战反映在行业的成本分布上，在 2020 年整个半导体生产设备花费的 620 亿美元中，前端制造机械占 60%（Precedence Research，2021）。每一个新的技术节点都会带来更多的复杂性，这就使得晶圆探测、产量和故障分析对于实现生产目标和降低单位成本更加关键。我们将在下一节介绍这些内容。

4.4　晶圆检测、良率和故障分析

在前端制造过程结束后，在后端制造过程开始前，可以实施一个称为晶圆检测的过程。简单地说，这个晶圆里面包含了你最新设计的几百或几千个芯片，但它真的能工作吗？

晶圆检测使用一种称为**晶圆检测仪**的设备，在进行最终封装、组装和测试之前，对晶圆芯片进行电气测试。在某些情况下，后端加工过程既漫长又昂贵，制造商希望事先对晶圆进行测试，因而只将通过测试和功能正常的芯片送入后端加工。在其他类型的晶圆加工中，如**芯片级封装**，先封装整个晶圆，然后才进行测试。

当初始检测完成后，还要进行两种类型的测试——制造工艺的**参数测试**，以及**晶圆测试**，确保每个单独的芯片没有缺陷而且功能齐全（STMicroelectronics，2000）。在如此小的范围内，一个微粒落在未受保护的芯片表面，晶圆厂机器附近的微小振动使晶圆错位，芯片设计中的缺陷，还有其他许多问题，都可能破坏一个芯片甚至整个晶圆的功能。

参数测试在测试电路结构上测量几个关键的电路参数，确保该过程的性能符合预期。制造商需要确保所有的基本参数，如电阻和器件阈值都在标准公差范围内。代工厂通常在每个芯片之间添加小的电路结构，在参数测试阶段进行测量。这个区域被称为**划线**。当晶圆被切割成单个芯片时，划线提供了切割的空间，测试结构也就被破坏了。但是，这些结构已经达到了它们的目的，客户却毫不知情。

即使一切都做得很正确，晶圆上也可能有一些芯片工作不正常。**晶圆测试**使晶圆厂能够识别有问题的芯片，对其进行处理，测量性能，并跟踪反复出现的错误，以便改进工艺。举例来说，故障集中在晶圆中心或靠近边缘的情况并不少见。这可以帮助确定可能导致这些故障的工厂设备的问题。

测试让**故障分析工程师**能够得出和分析良率，这是一个重要的统计数字，有两种类型——生产线良率和芯片良率。**生产线良率**（也称为**晶圆良率**）衡量成功进入晶圆探测而不被丢弃的晶圆数量。如果生产线上出现了重大问题，制造商可能不得不报废整个晶圆。例如，在测试划线的结构时，可能会确定某个基本参数有偏差。**芯片良率**衡量的是功能正常的芯片数量除以进入晶圆探测的潜在芯片的总数（Backer et al.，2018）。它们一起衡量**端到端的良率**，整体上说明了整个前端制造过程的功效（Backer et al.，2018）。对于一条新的芯片制造生产线来说，良率一般开始比较低，随着设备的正确调整和制造工程师优化加工步骤而逐渐增加。对于最先进的工艺，初始的良率可能低于50%。**良率优化**一直被认为是最关键的性能目标之一——良率的提高，即使是小幅度的提高，也能降低单位制造成本和提高利润（Integrated Circuit Engineering Corporation，n. d.）。跨越生产线良率和芯片良率的端到端良率优化，可以成为强大的竞争优势（Backer et al.，2018）。

为什么良率的提高如此重要？以一个假设的情况为例，你的芯片是用每片1000美元的晶圆制造的，你可以按照每个芯片3美元的价格出售（对不起，这部分涉及一些数学问题……）。让我们假设在100%的良率下，你可以从每个晶圆中获得1000个功能正常的芯片。那么，假设所有的芯片都能售出，你将获得3000美元的收入。1000美元的晶圆成本给你带来2000美元的利润。但是，如果芯片良率为80%，你就只剩下800个芯片，每个3美元，总计2400美元的收入，产生1400美元的利润和58%的增长利润率（扣除1000美元的晶圆成本）。如果我们能将芯片良率提高到95%，对于更成熟的工艺来说，这是可以实现的，我们的收入就会增加到 2850 美元，利润是 1850 美元，毛利率增加到 65%。这可能看起来不是很多，但毛利率是半导体行业的关键财务指标之一，毛利率增加 7% 是巨大的改进，可以对公司的盈利能力和股市估值产生重大影响。

在图 4-13 中，我们可以看到晶圆上逐渐变小的芯片和它们各自的良率。由于微小的污染物或轻微的移动可以永久地毁掉一个特定的芯片，较小的芯片尺寸通常会导致较高的良率，因为包含故障的面积占晶圆总面积的比例有可能减小。有缺陷的芯片通常用黑点标记（这称为墨迹），这样就可以扔掉它们，或者在仍有部分功能的情况下以折扣价出售。

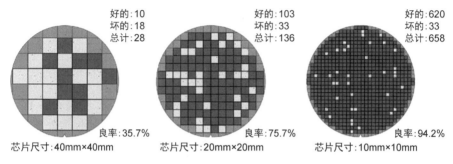

好的：10　　　　好的：103　　　　好的：620
坏的：18　　　　坏的：33　　　　坏的：33
总计：28　　　　总计：136　　　　总计：658

良率：35.7%　　　良率：75.7%　　　良率：94.2%
芯片尺寸：40mm×40mm　芯片尺寸：20mm×20mm　芯片尺寸：10mm×10mm

图 4-13　晶圆尺寸和芯片良率（Shigeru23，2011）

在纳米尺度上有如此复杂的制造工艺，晶圆制造必须是超级精密的。这个过程非常敏感，几乎所有的晶圆制造都是在带有空气过滤的**超净室**中进行，使得空气中的微粒数量是医院无菌手术室的千分之一（Intel，2018）。如果你看到半导体工人穿着从头到脚的白色"兔子服"的照片或视频，那么他们的工作场所就是超净室。工厂大多设在平房或靠近地面的地方，防止脚步声的影响可能降低良率和产出（Turley，2002）。震动是非常重要的问题，工厂设备经常被安装在弹簧或空气悬挂系统上，以便降低震动，特别是在地震多发地区，如加利福尼亚和日本。

专门的空气净化和建筑要求增加了巨大的设备成本和持续的重新调整，这构成了新工厂的大部分成本（McKinsey & Company，2020）。一座配备生产最先进的 3 nm 工艺节点的晶圆厂的成本从 60~70 亿美元到高达 200 亿美元，并在五到六年内过时（Lewis，2019）。2021 年，三星考虑在美国建立一个 170 亿美元的工厂建设项目（Patterson，2021 年）。这些成本听起来挺可怕，但是在 2020 年，美国半导体公司的资本支出大约是销售额的 30%，而制造部门的支出只有销售额的 4%（SIA，2021）。

旧的晶圆厂有时可以以"顺市"出售给不在技术曲线边缘的混合信号或模拟公司，但是售价往往只有成本的百分之几（EETimes，2003）。在图 4-14 中可以看到两个代工厂——其中一个在纽约州立大学的纳米科学与工程学院（左），另一个在伦敦的纳米技术中心（右）。

图4-14　晶圆厂的超净室和光刻实验室（Bautista，2015）（Usher，2013）

4.5　后端制造

在晶圆经过测试后，勤快的工厂技术人员已经准备好将芯片装入其IC包装，并开始后端组装和测试。大多数装配和测试工作由第三方完成，称为**外包的组装、测试和封装供应商（OSAT）**，它们主要位于东亚，具有显著的劳动力成本优势（Schafer & Buchalter，2017）。

下面的步骤详细说明了组装和测试过程。封装过程有许多不同的变化，所以很难给出全面的步骤清单，但这个是很好的总结。请注意，并不是每种情况都要执行所有的步骤。

1）**晶圆凸点**：这个步骤并不总是执行，但在裸芯片直接与其他元件连接的情况下，这个初始步骤将小焊球（或凸点）直接放在晶圆上。

2）**晶圆切割**：下一步是**芯片切割**，用金刚石锯从晶圆上切割出单个芯片，然后送到后端设施进行最终封装和组装。

3）**芯片连接**：在到达组装和测试设施后，新切割的裸芯片被连接到封装基片上，在一个称为**芯片连接**的过程中直接连接到PCB上（MRSI，n. d.），或者简单地作为裸芯片封装（倒装芯片）。就我们的目的而言，我们将假设芯片附着在封装基片上。**环氧树脂芯片连接**是最常见的连接工艺，使用专门的树脂作为连接黏合剂，有点像用于半导体的强力胶（MRSI，n. d.）。**倒装芯片连接**既是一种芯片连接方法，也是一种在芯片和系统其他部分之间形成系统互连的方法（Ahmed，n. d.）。

4）**外部互连的形成——倒装芯片或线连接**：接下来，连接的芯片通过从芯片上引出的线与系统的其他部分连接，与系统的其他部分形成互连（**I/O**）。这个过程称为**线连接**，与更先进的倒装芯片技术相比，它导致了更少的I/O连接（Ammann，2003）。在**倒装芯片封装**中，芯片被翻转过来并焊接到**球栅阵列**或直接焊接到**印制电路板（PCB）**上，在整个芯片区域形成互连，提高了系统的整体速度（Ammann，2003）。如果你现在觉得有点晕乎、不知所云，请不要担心——我们将在下一章更详细地介绍集成电路的封装。

5）**封装和密封**：在**封装**中，用**表面贴装技术（SMT）**把芯片安装到集成电路封装外壳上（Gilleo & Pham-Van-Diep，2004）。接下来，**转移成型机**在把封装化合物或**模制的底层填充物**注入封装模具之前对其进行加热，将**芯片-封装组件**密封起来（Gilleo & Pham-Van-Diep，2004）。我们可以在图 4-15 中看到一个完全"组装"好的芯片——封装组件。

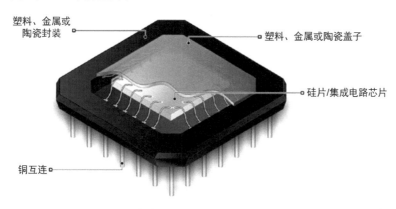

塑料、金属或陶瓷封装

塑料、金属或陶瓷盖子

硅片/集成电路芯片

铜互连

图 4-15　完全"组装"好的芯片——封装组件

6）**最终测试**：在向终端客户发货或集成到中间系统或产品之前，对所产生的芯片-封装组件进行最后一次测试。应该注意的是，在一些良率非常高（>90%）的成熟技术中，这种最终测试可能是对单个芯片的唯一测试。当晶圆测试过于昂贵时，封装每个芯片，然后再测试，只需丢弃在最终测试中不合格的芯片，这样可能会更经济。

图 4-16 概述了后端制造工艺的五个步骤。重新总结一下，在晶圆切割过程中，每个芯片被切割并分开。然后，每个芯片被焊接到球栅阵列（BGA）或直接焊接到 PCB 上。一旦焊接完毕，外部互连就会形成，将芯片与系统的其他部分结合起来，确保有效的连接和快速的数据传输。然后，芯片-封装组件被封装和密封，保护芯片不受任何外部损害，并确保系统的完整性。最后，在运送给终端客户或设备制造商以纳入更大的产品之前，对芯片-封装组件进行最后一次测试。

1. 晶圆切割

图 4-16　后端制造工艺——装配和测试

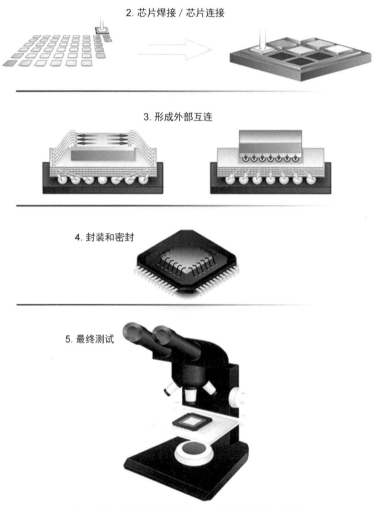

2. 芯片焊接 / 芯片连接

3. 形成外部互连

4. 封装和密封

5. 最终测试

图 4-16　后端制造工艺——装配和测试（续）

4.6　半导体设备

正如我们所看到的，半导体生产是极其复杂的过程，涉及几十种不同类型的精密设备。这些设备既复杂又昂贵——一台 EUV 机器可能要花费 1.5 亿美元以上。图 4-17 对 640 亿美元的半导体设备市场做了细分，可以帮助我们了解这些成本，该图描述了 2021 年 BCG 和 SIA 关于加强全球半导体供应链的报告中的 2019 年销售数据。图 4-17 区分了 11 种半导体设备，其中前端制造设备占整体设备销售的绝大部分（86%）。随着芯片的不断缩小，制造芯片的难度也在增加，使得这类设备的成本越来越高。对于负责制作这些越来越小的图案的核心前端技术来说，更是如此，比如沉积、光刻和移除。也许你以前从未听说过这些机器，但是你可以为你的手机感谢它们！

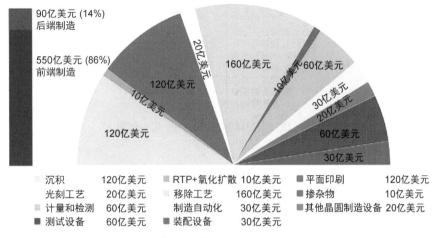

图 4-17　半导体设备制造市场（Varas et al., 2021）

4.7　本章小结

本章介绍了从收到 GDS 设计文件到芯片测试和组装的半导体制造过程。我们首先对晶圆制造和前端制造进行了细分。在这个阶段，工程师们把晶圆像多层蛋糕一样做起来，通过昂贵的设备，用四种主要工艺类型的重复性的连续循环来制作它们。

1. 在**沉积过程**中，关键材料和薄膜被沉积在晶圆的表面。
2. 在**图案设计**中，光刻掩膜版被用来去除光刻胶并在晶圆表面刻蚀图案。
3. **移除过程**贯穿始终，用来去除不必要的材料。
4. **改性工艺**是用来改变晶圆的物理特性，如导电性。

我们回顾了前道工序和后道工序的差别，前道工序（FEOL）用于将晶体管阵列刻蚀到晶圆表面，而后道工序（BEOL）用于建立连接系统的局部和整体互连。一旦晶圆制造完成，成品晶圆将被测试并探测出缺陷。我们接下来了解到良率和故障分析对改进工艺和降低成本的重要性。最后，我们分解了后端组装过程，在这个过程中，OSAT 将成品芯片放入保护性的 IC 包装中。我们可以看到图 4-18 中总结的半导体制造流程。

在原子尺度上建造功能性器件，需要大量日益昂贵和超级精密的设备和工艺技术，更不用说保护它们不受外界影响了。现代半导体工厂把这些技术联合在一起，是人类智慧了不起的壮举，促进了计算设备在世界各地的扩散。

晶圆制造：

步骤：
1. 熔化硅和碳
2. 形成硅锭
3. 切片

晶圆加工：

步骤：
1. 沉积
2. 图案和光刻
3. 移除
4. 物理性质改变
5. 必要时重复1~4
6. 晶圆检测和良率分析

晶圆切割、组装和测试：

步骤：
1. 芯片连接
2. 外部互连的形成
3. 封装
4. 密封
5. 最终测试

图 4-18　半导体制造流程——从头到尾

4.8　半导体知识小测验

这里的 5 个问题都和本章有关，可以确保你理解了学到的知识。

1. 用于晶圆制造的 4 种工艺是什么？

2. 哪种核心工艺技术被认为是行业其他部门的瓶颈？为什么？

3. 你能说出前道工序（FEOL）和后道工序（BEOL）的区别吗？它们与前端和后端制造有什么不同？

4. 良率这个指标为什么特别重要？它是用来做什么的？

5. 装配和测试过程的 5 个核心步骤是什么？

第5章 把系统连接起来

我们设计团队辛勤工作了一年，还花费了几百万美元，但是非常值得！工厂已经完成并配送了你的订单——10万台新鲜出炉的定制处理器正在路上。现在怎么办？如果你用Kindle电子书或笔记本电脑读这篇文章，你可能已经注意到，在你面前的是屏幕，而不是芯片-封装组件。事情的真相是，设计良好的集成电路只是系统的一部分，最多跟这个系统一样优秀。随着摩尔定律的放缓，公司更加依靠功能扩展以满足其客户的需求，系统集成变得越来越重要。从先进的互连和下一代IC封装到信号完整性和电源分配网络，我们在本章探讨将系统连接起来的技术。

5.1 什么是系统？

系统这个词可以用在不同的层面上，描述一个功能齐全的分立结构，例如笔记本电脑，或任何数量的子系统或**模块**，在更大的设计中装备齐全地处理特定的任务——想想我们前面提到的Kindle电子书的屏幕和LED驱动器组成的显示模块。许多设备是由不同的IC和组件集合而成的，这些IC和组件可能是由完全独立的公司使用专有方法和独特的微架构设计的——集成所有IC和组件是一项复杂而困难的任务。此外，每个模块之间的连接处往往是数据流的瓶颈，可能会增加**延迟**并减慢整个系统的速度。为了连接各个子系统并确保电源和数据到达正确的位置，设计良好的互连网络、强大的封装技术以及良好的信号和电源完整性分析，对于开发一个高性能系统至关重要。

5.2 输入/输出（I/O）

将系统联系在一起的组成部分是**互连**，通常称为**输入/输出**（I/O）。在单个芯片内，**互连**是把不同的元件（比如晶体管）相互连接起来，形成逻辑门和其他功能构件的线路。在更高层次上，互连指的是芯片与印制电路板、印制电路板上的其他元件或芯片以及整个系统的其他部分之间的连接。大型芯片可以有多达50 km的堆叠互连布线，占据了集成电路的各个层（这些层是在前一章讲述的前端制造过程的BEOL阶段形成的）（Zhao, 2017）。总之，互连是单个组件和功能块与系统的其他部分进行互动的门户和途径。在连接系统内的I/O方面，系统设计者有许多不同的选择，一切都要从为每个 IC 选择合适的封装开始。

5.3 IC 封装

正如我们在第 4 章看到的，在电子制造周期的最后阶段，一个成品芯片被放置在一个 **IC 封装**中。在晶圆级封装的情况下，成品芯片在被切割并与晶圆的其他部分分离之前已经被封装了。电子封装可以保护芯片不受外界影响，并支撑连接器件与系统其他部分的电气互连。虽然我们在第 4 章中简要介绍了电子封装，但是这里将深入探讨所有不同的封装品种，并在更深层次上进行探讨。请随意跳到后面去查看关于封装结构和架构的图 5-2，以帮助我们在解析每种封装类型的讨论时直观地了解各种组件和配置。

最广泛使用的封装类型包括以下几种。

（1）连接线（引线键合，打线）

当 IC 刚开始受到重视时，封装互连仅限于从 IC 键和封装内的焊盘到引线键合，连接到支持系统其余部分的外部电路板或衬底的引脚（Gupta & Franzon，2020）。这种安排限制了来自单个芯片可能互连的数量，因为它们只能位于芯片和包装的边缘。

（2）倒装芯片封装

该工艺通过把互连置于芯片本身的边界内来解决这个面积问题（Gupta & Franzon，2020）。通过在制造和组装过程的后端增加一些步骤来实现。

倒装芯片的连接过程大约有 6 个步骤。我们在第 4 章谈过这一点，但这里将对倒装芯片技术做更详细的分解。

1）单个 IC 是通过晶圆制造的。晶片上的连接垫经过处理，更容易接受焊接。

2）通过一个称为**"晶圆凸点"**的过程，将称为**焊球**的小块金属放在每个集成电路的连接垫上（Tsai et al.，2004）。

3）在晶圆凸点以后，在**晶圆切割**处切开，得到单个集成电路，并翻转过来。

4）使用高精度机器人，让翻转的芯片上的焊球对齐基片或 PCB 上相应的**键合焊盘**（称为**球栅阵列或 BGA**）。

5）焊球被重新熔化并焊接到底层基材或 PCB 上，这个过程称为**倒装芯片键合**（Tsai et al.，2004）。

6）最后，焊球互连之间的空间被材料（称为**底部填充物**）填满，这些材料为新安装的芯片提供力和热方面的支持（Tsai et al.，2004）。

图 5-1 帮助我们更好地理解倒装芯片连接过程的每个步骤。图中第 1 行从左到右依次是步骤 1）~4）。步骤 5）（倒装芯片焊接）是左下角的两张图，而步骤 6）（底部填充）是右下角的两张图。请注意，这些图完全不是按比例绘制的——焊球非常小，宽度通常只有 100 μm。

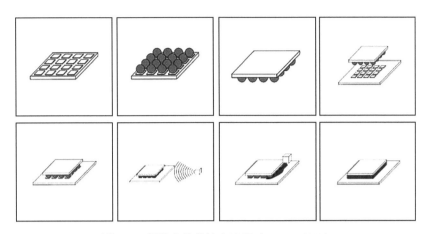

图 5-1　倒装芯片的键合过程（Twisp，2008）

（3）晶圆级（芯片级）封装

在传统的制造工艺中，硅晶圆上的众多芯片被切割成独立的芯片，然后再放入各自的封装中。然而，**晶圆级封装**在晶圆被切开之前就开始了封装过程（Lee，2017）。在这个过程的后期，将芯片切割开来，形成一个较小的芯片-封装组件，其大小与芯片本身差不多——所以晶圆级封装经常称为**芯片级封装（CSP）**。你可以将其想象成将东西放在盒子里和用包装纸包装的区别。盒子占用额外的空间，而包装纸粘在被包装物的边缘。对于面积严格受限的应用（比如移动设备），晶圆级封装节省的这种额外空间特别有价值。芯片级封装技术只适用于小尺寸的芯片，限制了它的使用。

（4）**多芯片模块（MCM）和封装系统（SiP）**

这两种方法将多个芯片集成到一个封装中，适合有限空间的应用。两者是相似的，只是 MCM 将多个芯片集成在二维表面上，而 SiP 则在水平（2D）和垂直（2.5/3D）方向集成芯片（Lau，2017）。MCM 和 SiP 的优点是它们允许工程师修改设计的部分内容，并更容易纳入授权 IP（Gupta & Franzon，2020）。例如，不必在一个 SoC 上包含 CPU、内存和 GPU，而是可以单独设计每个模块，然后打包成一个更大的模块。工程师可以将每个模块与其他部件混合搭配，但是与更紧密集成的 SoC 相比，其代价是性能和功率方面的不足。虽然有一些集成方面的缺点，但模块化封装架构允许使用较便宜的硅工艺来实现系统的模拟功能，只将昂贵的小尺寸工艺用于关键的高速处理和存储功能。SiP 还允许将电容器和电感器等无源器件集成到单个的封装中，通过把元件之间的距离最小化来提高性能。如何权衡 SoC 芯片级**单片集成**和封装级**异质集成**，是今天许多系统架构师和工程负责人面临的一个紧迫问题——我们将在后面的章节里更详细地探讨这个话题。

（5）**2.5D/3D 封装**

集成电路封装的进步提高了性能，让电子系统更加高效。过去，所有的封装及其包含的芯片都是通过**金属针脚**连接到 PCB 或其他基片上，然后通过导线网络将芯片连接到系统的另一部分（Gupta & Franzon，2020）。今天，系统架构师有更多的选择。**芯片堆叠**技术的突破，使设计团队能够将多个芯片堆叠在一起。在这种配置中，芯片使用称为硅通孔（TSV）的垂直互连堆叠，形成 **2.5/3D 封装架构**（Lapedus，2019）。在 2.5D 封装中，芯片连接到一个共享的基片上，称为中介板，后者又连接到 PCB 上，而在 3D 封装中，芯片直接堆叠在彼此的顶部（Lapedus，2019）。这种配置可能不像三维芯片堆叠那样集成得紧密，但成本较低，比单独包装的线束配置集成得更紧密（Gupta & Franzon，2020）。新的**铜混合键合**技术使用铜对铜的互连来连接堆叠的芯片，具有更大的互连密度和更低的电阻，与传统的硅通孔相比，可以实现更快的数据传输和处理速度（Lapedus，2020）。这些先进的封装技术也使得许多设计成为可能，把来自不同硅工艺的芯片集成在一起。例如，22 nm 的处理器芯片和 180 nm 的高功率音频放大器，就可以包含在同一个塑料模块中。

堆叠技术首先应用于**混合内存方块（HMC）**和**高带宽内存（HBM）**等内存系统，其中的内存组件可能与其相关的处理芯片（逻辑上的内存）或额外的内存芯片（内存上的内存）堆叠在一起，但现在的应用范围已经扩大（Lapedus，2019）。垂直堆叠芯片可以提高 **I/O 密度**，从而减少将**信号**或信息从电子系统的一部分转移到另一部分所需的处理时间，同时节省宝贵的硅空间（Gupta & Franzon，2020）。这对于更紧凑的电子设备（如智能手机）特别有用，因为空间有限而且宝贵。

我们已经相当详细地讨论了各种封装类型和架构，如图 5-2 所示。比较每一行的两张图，可以看出区别每种封装配置的关键特征。在第一行中，**引线键合**芯片使用芯片表面边缘的导线与**封装基片**上的**连接垫**连接。这些连接把芯片与系统的其他部分联系起来，无论是直接通过 PCB 上的**通孔**（连接线）还是通过焊接到PCB 上的**球栅阵列（BGA）**。由于**引线键合**需要多余的布线，它们比**倒装芯片**的同类产品要慢，后者使用**凸点**和**硅通孔（TSV）**，更有效地将芯片与底层封装基板连接起来。在第二行，**多芯片模块（MCM）**和**封装系统（SiP）**看起来比较相似。它们的关键区别在于，MCM 在同一整体封装内的二维表面上并排集成了多个芯片。另一方面，SiP 同时使用 **2D** 和 **2.5/3D** 堆叠芯片配置，在同一整体封装内集成多个芯片。在最下面一行，我们仔细研究了 2D 单片集成、3D 集成和 2.5D 集成的细微差别。**2D 单片集成**将芯片并排安装在同一封装内的衬底上。**3D 集成**在同一封装内将芯片相互连接在一起。**2.5D 集成**将两个或更多的芯片连接在**中介片**上（位于芯片和基片之间），然后再集成在同一封装内（水平 2D 和垂直 3D 集成元件）。

IC 封装在系统总成本中占的比例相对较小，在 SIA 报告的 2020 年超过 4400 亿美元的总销售额中仅占 300 亿美元，但对系统性能的影响巨大。因为急于从现有工艺节点中挤出更多性能，工程领导们对它的兴趣再次高涨（Semiconductor Packaging Market by Type，2021）。

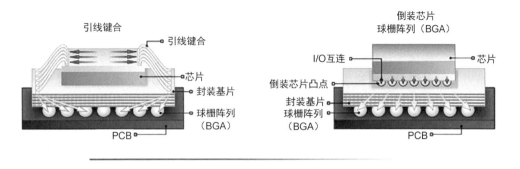

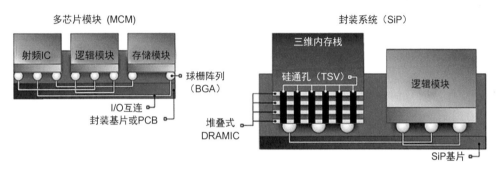

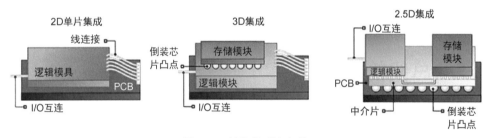

图 5-2 封装类型和架构

5.4 信号完整性

随着元件在集成系统中被包装得越来越紧密，信号完整性变得越来越重要。它源于电磁学的研究，而电磁学是探讨电流或场相互作用的物理学领域。

数字信号是沿着传输线传播的电脉冲，在整个电气系统中把信息从一个地方传输到另一个地方（MPS，n. d.）。在电子系统中，这些信号通常由**电压**表示（MPS，n. d.）。回想一下我们在讨论电时学到的知识，以及电压和电流是如何相互关联的。请记住，电压的作用就像管道中的水压一样，推动电流沿着构成电子系统的线路运行——这里所说的电流就是信号本身。较高的电压足以打开晶体管的栅极，产生的电流是"开"（ON，1）信号，而较低电压产生的电流是"关"（OFF，0）信号。如果进一步放大，可以看到，电流是由朝同一方向移动的电荷组成的。你可能听说过计算机工程中使用的术语**比特**（bit），比特就是由这些电荷组成的。比特们串在一起，构成了计算机的不同组件可以解释为信息的信号。在传输过程中的每个结点，**发射器**沿着**传输线**向**接收器**发送信号（Altera，2007）。说白了，这里的发射器和接收器是通过有线传输线进行物理连接的，与无线系统中的发射器和接收器不同。在复杂的电子电路中，导线之间可以有几纳米的距离，在沿着传输线通过系统的各个元件时，相邻的信号会相互干扰，还会干扰周围的环境。这些传输线会影响信号的完整性，导致数据丢失、精度问题和系统故障。

为了减轻这些影响，**信号完整性工程师**进行电磁模拟和分析，以便在潜在的问题出现之前识别和解决它们。常见的**干扰**形式包括噪声、串扰、失真和损失。

1）当不属于所需信号的能量干扰正在传输的信号时，就会出现**噪声**（Breed，2010）。

2）当信号的能量无意中转移到邻近的传输线上时，就会发生**串扰**（Breed，2010）。

3）当信号模式被破坏或扭曲时，就会发生**失真**。在极端情况下，失真可能非常严重，以至于向接收器传递不正确的数据（Breed，2010）。

4）**损失**的发生有几个原因，包括传输线导电性问题造成的电阻损失，信号速度损失造成的电介质损失，以及非密封系统的辐射损失（Breed，2010）。

在高**比特率**和大距离的情况下，信号可以退化到电子系统完全失效的程度。

5.5 总线接口

电子设备一个关键的性能瓶颈是系统各组成部件之间的数据传输。如果处理器从系统的其他部分获得工作所需的信息的时间太长，那么提高处理器的功率就没有任何意义。为了发挥先进电路的威力，**总线接口**变得越来越重要。总线接口就是系统或 PCB 的不同部件之间的数据传输的物理导线，计算机中的那个 64 bit 处理器必须在一个总线接口上同时移动 64 bit 数据。**总线接口**可以有三个主要功能（Thornton，2016）：发送数据（**数据总线**）、寻找特定的数据（**地址总线**）、控制系统中不同部分的运行（**控制总线**）。

这三条总线合在一起称为**系统总线**，共同控制着 CPU 或微处理器的信息流（Thornton，2016）。图 5-3 里的框图说明了系统总线、构成它的数据、地址和控制总线以及关键系统组件（如 CPU、内存和 I/O 互连）之间的关系。

个人计算机的数据总线可以接收来自中央处理器的信息流，每次 8~64 bit。就像一根软管抽出的水不能超过管子的直径一样，连接到 32 bit 处理器的总线不能在同一时间（每个时钟周期）传送或接收超过 32 bit 的信息。这样一来，比特数的功能就是测量总线的"直径"或"宽度"（Thornton，2016）。

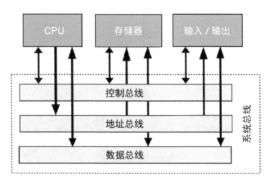

图 5-3　系统总线的框图（Nowicki, 2019）

　　总线接口的大部分发展都发生在个人计算机领域。在早期，称为**母线**（**bus-bar**）的线束将每个组件分别连接起来，但这种方法既慢又没有效率（Wilson & Johnson, 2005）。为了提高速度和改善性能，计算机公司转向集成的结构，将接口的数量从胡乱连接的组件和模块群减少到两个芯片——北桥和南桥芯片组架构。

　　在这种配置中，**北桥**通过**前端总线**（**FSB**）直接与 CPU 接口，并把它与具有最高性能要求的组件连接，如内存和图形模块（Wilson & Johnson, 2005）。然后，北桥与**南桥**连接，南桥又与所有低优先级的组件和接口连接，如以太网、USB 和其他低速总线（Wilson & Johnson, 2005）。这些非北桥总线接口统称为**外围总线**（PCMAG, n. d.）。北桥和南桥在一个称为 **I/O 控制器集线器**（**ICH**）的连接点上相互连接，它们一起称为**芯片组**（Hameed & Airaad, 2019）。我们可以在图 5-4 中清楚地看到这种芯片组的架构。

　　按照总线接口在两个数字设备之间传输比特的方式，可以把总线接口分类（Newhaven Display International, n. d.）。**并行接口**在两个组件之间有多条传输线，同时传输比特（Newhaven Display International, n. d.）。这在短距离内效果很好，但随着两个组件之间距离的增加，会出现信号完整性问题。常见的**并行接口总线**包括用于内存的 **DDR**（双倍数据速率）和 **PCI**（外围元件接口）**总线**。另一方面，**串行接口**在两个组件之间通过单线一次传输和接收数据，但速度要高得多（Newhaven Display International, n. d.）。这就减少了出现信号完整性问题的机会，因为在一个比特被处理之前，不能接收它。串行数据传输不太可能出现串扰问题，因为各个数据线没有捆在一起。然而，串行数据容易受到另一种类型的干扰，即**符号间干扰**（**ISI**），其中一个数据位可能会受到之前传输的数据位的影响（Kay, 2003）。常见的串行接口总线包括 **PCIe**（**PCI Express，PCI 高速总线**）、**USB**（通用串行总线）、**SATA**（串行先进技术附件总线）、以太网总线。

　　除了信号完整性方面的优势外，由于线数较少，串行接口的成本较低，但传输速度较慢（Kay, 2003）。相比之下，并行通信可以实现更快的数据传输，但成本较高，而且在长距离和高频率工作时效果不佳（Kay, 2003）。在图 5-5 中，我们可以看到刚才描述的并行接口和串行接口的例子。

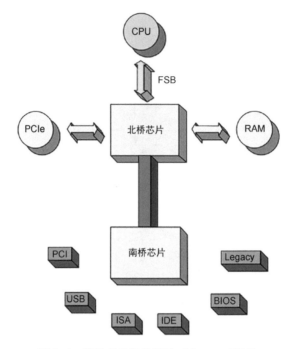

图 5-4　简单芯片组的架构（Oyster, 2014）

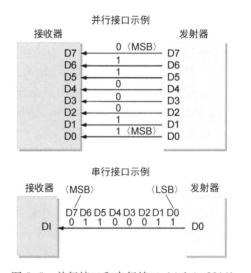

图 5-5　并行接口和串行接口（Ashri, 2014）

　　除非你专门从事信号完整性或接口电路设计，否则你可能并不需要彻底了解所有的总线接口，重要的是你要明白，为什么它们对整个系统如此重要。需要记住的关键是，总线接口构成了负责传递数据、分配指令和连接整个系统主要部件的连接组织。

5.6 电子系统中的功率流

对大多数人来说,为电子产品供电就像魔法一样。把手机和笔记本电脑插上电源,砰!它们就工作了。利用"功率"的力量是工程领域和许多子学科的重大主题。从我们对晶体管的回顾中可以看出,把系统的功率流看作是通过水务系统的水流是很有帮助的。看一下图 5-6,在我们跟踪每个步骤时,可能会有帮助。

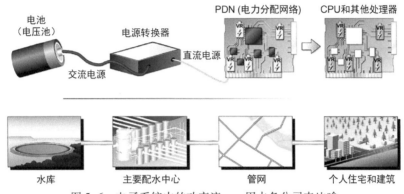

图 5-6 电子系统中的功率流——用水务公司来比喻

我们的世界每天都在变得越来越灵巧,所以我们这次讨论的重点是以电池为动力的系统。在我们的比喻中,电池的作用就像电荷库,其**电压**相当于城市的水库。**电源转换器**将交流电转换为直流电,就像随着水越来越接近目的地,主要的水分配中心可能会降低水压。事实证明,交流电更适合长距离传输电力(想想你的城市电网中的公用事业级输电线路),而直流电更适合短距离的电力传输(想想家用电器可能使用的电力)。电池通常也以直流电的形式存储电力,但为了说明问题,我们假定这个电池存储的是交流电,在使用前需要进行转换。

接下来,通过一个称为**配电网络(PDN)**的金属平面网络,将来自电池的电荷或电压输送到系统的不同处理中心,就像公用管网将水输送到像你我这样的终端用户的家和建筑物里。

为了将水输送到各家和各个建筑物,水务公司使用不同程度的水压,把水推过系统。这个行为的平衡很微妙——如果水压太高,系统中的管道可能会爆裂,但如果水压降得太低,那么水就无法通过管道到达目的地。在电子领域,我们有类似的电压问题。如果电压过高,电路可能会损坏,或者可能过热而失效,但如果电压降得太低,电路就没有足够的能量来运行。为了防止这种情况发生,**电力工程师**必须建立**电压调节器**和**电源转换器**的网络,以确保在系统的任何一点上电压永远不会过高或过低。就像对通过系统的比特和信号流进行的信号完整性分析一样,**电源完整性**领域研究整个系统的电压分配,确保电压在正确的时间以正确的数量到达正确的地方(Mittal,2020)。

电压调节器是旨在维持固定电压输出的电路，无论它们收到的输入电压是多少——它们对来自电源的能量进行处理，以便电路的其他部分能够正确处理（MPS，n. d.）。这在电池供电的系统中很重要，因为电池电压并不恒定。如果你走在大街上听音乐，接到一个电话，你的手机屏幕亮了起来，这需要很大的瞬时功率，可能导致电池电压大幅下降，因为从电池吸取的电流增加。电压调节器确保系统中的所有部件都能获得稳定的电压，即使电池电压在不断变化。有各种各样的电压调节器，包括 **DC/DC 转换器**、**PMU（电源管理单元）**、**降压转换器**（DC/DC 转换器的一种特殊类型）、**升压转换器**和**反激式转换器**。

5.7　本章小结

本章首先讨论了 I/O 互连及其对连接整个系统的各个组件的重要性。由于单个芯片中的布线长达 50 km，互连是限制或提高设备性能的关键因素。从简单的线束封装到高 I/O 密度的倒装芯片和晶圆级封装，我们深入研究了各种封装架构以及相关的工艺。接下来，我们讨论了多芯片模块和系统级封装的区别，介绍了异质和单片集成等关键概念。我们了解了用于高带宽内存（HBM）、HMC 和其他 2.5/3D 封装架构的先进芯片堆叠技术。由此，我们探讨了信号完整性在保持整个电子系统信息流的速度和质量方面的作用。基于对互连和信号完整性的理解，随后介绍了三种总线——控制、地址和数据——如何促进 CPU、存储器和外部数据源之间的信息流动。最后，我们探讨了电力在电子系统中的流动，就像水在公用水务系统中的流动一样——通过电源转换器和配电网络跟踪电压，直到最终目的地。

一家公司可能会采购和设计出完美的 IC 和元件组合，创造出市场领先的产品，但是仅有正确的零件还不够。构建高水准的设备需要紧密的系统集成、有大量的互连、正确的 IC 封装架构，以及强大的信号完整性和电源完整性。

5.8　半导体知识小测验

这里的 5 个问题都和本章有关，可以确保你理解了学到的知识。

1. 什么是互连，它们为什么特别重要？

2. 线连接和倒装芯片连接的区别是什么？它们对系统的互连数量和传输速度有什么影响？

3. 为什么要有信号完整性工程师？他们可能会遇到什么样的接口和传输方式？

4. 在一个芯片组中，为什么 CPU、北桥和南桥的排列方式是这样的？南桥和北桥分别处理什么？它们有什么不同？

5. 描述电子系统中功率流动的四个主要阶段。每个阶段有哪些元件或模块？你能把它们中的每一个与公用水务系统中的类似部件联系起来吗？

第6章 常用电路和系统元件

从基础知识到 ASIC，第 1~5 章已经涵盖了很多内容。我们从基础的电子物理学和晶体管结构开始，然后集中讨论了半导体如何设计、制造和集成到更大的系统中。尽管这些讨论帮助我们建立了电子系统的整体模型，但到目前为止，大家在很大程度上把半导体当作没有区别特征的单体。本章将打破这种单一性，探索构成半导体家族的众多类型的普通电路和系统元件。在探讨这些主要的类别之前，我们首先探讨数字技术和模拟技术的差异。

6.1 数字和模拟

有两种主要类型的元件，它们的名字来自使用的信号类型——**数字**和**模拟**。数字信号的作用就像电灯开关——它们要么打开（1），要么关闭（0）（MPS，n.d.）。这些"1"和"0"的状态被用来传达信息，并构成大多数人在想到电子电路时熟悉的**二进制计算机语言**（MPS，n.d.）。数字信号通常也是**同步的**——它们按照一个**参考时钟**运行，以协调不同功能块的处理并确保适当的时序（MPS，n.d.）。虽然它们的可预测性和同步计时使它们非常适合存储和处理信息，但如果没有物理线路把信号从一个地方送到另一个地方，数字电路就无法在任何距离上传输信息。

数字电子器件以同步计时和分立值进行操作，而模拟设备则是在一定的数值范围里连续地处理信息（MPS，n.d.）。它们捕捉和传输**电磁能**的能力很适合无线通信这样的应用。是的，专家们当然知道，无线通信可以发送数字信号，但通常的实现方法是通过**调制**模拟信号的**频率**或**振幅**，然后用接收器恢复这些比特。我们可以想象模拟信号就像初等几何学中的正弦图和余弦图。现实世界信号的大部分能量在本质上是模拟的——例如，声音和光是作为模拟"波"信号存在的。在图 6-1 中，我们可以清楚地看到二进制数字信号和模拟波信号的区别。

图 6-1　模拟信号与数字信号

模拟信号可以通过**频率**来区分。**频率**描述了一个模拟信号波在一个固定时间内完成一个上升和下降的周期（也就是重复了一次）的次数。对于给定的信号，频率与**波长**成反比，与**功率**成正比——频率越大，波长就越短，但能量越大（NASA Hubble Site，n.d.）。为了记住这个规律，我发现这样的想象很有帮助：在漫长的一天工作之后，疲惫不堪的父母带着他们不安分的孩子去公园。在公园里跑来跑去的孩子也许体型比较小，但他的能量更多，运动频率也更高，而体型较大的父母却在秋千和攀爬架之间蹒跚而行。电频率的测量单位是**赫兹（Hz）**，它描述了电磁信号每秒完成一个完整周期的次数（Encyclopedia Britannica，n.d.）。赫兹这个单位以德国物理学家海因里希·赫兹的名字命名，他对电磁辐射的特性做了早期研究。通过接收和处理不同的频率，模拟电子产品可以完成各种有用的事情，从检测外部刺激（传感器）到无线数据传输和通信（射频技术）。

图 6-2 直观地显示了波长、频率和能量的关系。高频信号具有较高的能量和较短的波长，而低频信号具有较低的能量和较长的波长。

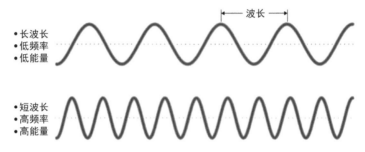

图 6-2　波长、频率和能量

模拟和数字信号的差异使它们对电子系统的不同部分更有用。系统的存储和处理部分（"计算"部分）通常由**数字元件**组成，它们更擅长存储和处理数据（MPS，n.d.）。然而，从外部世界接收信息的设备，比如你的耳机或相机中的传感器，更可能是由**模拟元件**组成的（MPS，n.d.）。在许多电子系统中，模拟元件和数字元件一起工作，将现实世界的模拟信号"翻译"成计算机可以理解的数字信号，然后将计算机的数字响应重新翻译成人类可以理解的模拟信号。为了实现这个目标，称为**数据转换器**的混合信号设备被用来转换各种类型的信号。数据转换器可以是**模拟-数字转换器（ADC）**或**数字-模拟转换器（DAC）**（MPS，n.d.）。表 6-1 总结了模拟和数字技术的差异，下一章将更详细地讨论模拟和无线技术。

表 6-1　模拟信号与数字信号的对比

对　比　项	模拟信号	数字信号
信号结构	连续的信号流（圆波）	不连续的信号脉冲（方波）
信号表示	有一个取值范围	只有离散值存在（"开"或"关"）

（续）

对 比 项	模 拟 信 号	数 字 信 号
信号完整性	显著的噪声、失真和干扰	不易受噪声、失真或干扰的影响
传输介质	有线或无线传输	有线传输
功率要求	更大的功率	更小的功率
实例	声、光、热、无线电波	集成电路、计算机和数字电子信号

6.2　通用的系统元件——SIA 框架

所以我们现在知道有数字和模拟两种类型的元件，但这些元件都是做什么的呢？在构建一个系统时，设计师和建筑师有许多单独的元件可供选择，每个元件都有独特的优点和缺点。在六大终端市场（通信、计算、消费、汽车、政府和工业电子）需求的推动下，元件市场是多样化的，竞争激烈。单个产品和设备的种类繁多，令人眼花缭乱，因此，使用美国半导体行业协会的框架，将市场分成五个组成部分是很有帮助的（SIA，2021）。

1）**微型元件（数字）**：微型元件包括所有可以插入另一个系统并用于计算或信号处理的非定制数字设备。你可以把它们看作是通用的元件，具体包括微处理器、微控制器和数字信号处理器（DSP）（SIA，2021）。

2）**逻辑（数字）**：逻辑包括所有非微型元件的数字逻辑。这个部分主要是指专门的电路，包括特定应用的集成电路（ASIC）、现场可编程门阵列（FPGA），以及更加多功能的、但针对特定应用的数字逻辑设备（SIA，2021）。

3）**存储器（数字）**：存储器是用来存储信息的，通常根据它能不能在掉电的情况下存储数据来分类。易失性存储器（RAM）需要电源来存储数据，但能够更快地访问，非易失性存储器（ROM）可以保留数据而不需要电源。动态随机存取存储器（DRAM）是最常见的易失性存储器类型，而 NAND 闪存是最常见的非易失性存储器类型（NAND 实际上不是缩写，而是代表"NOT AND"，"与非"，一种布尔运算器和逻辑门）（SIA，2021）。

4）**光电子学、传感器和促动器以及分立元件——OSD（模拟和数字）**：光电子学包括激光设备、显示技术和其他基于光子学的电子产品。传感器包括用于测量从温度到气压的各种专门装置。促动器包括根据传感器检测到的刺激而启动或采取其他行动的设备（SIA，2021）。分立元件是单独包装的专用晶体管或其他基本元件，如电阻、电容和电感。

5）**模拟元件**：模拟 IC 处理模拟信号，可分为标准线性集成电路（SLIC）或特定应用标准产品（ASSP）。SLIC 是通用的、即插即用的模拟器件，可以集成到更大的系统中。ASSP 是为某个特定应用设计的元件，但仍可集成到该应用类别的多个系统中。正如上一节讨论的那样，模拟电子器件处理现实世界的信号，如无线电波、光、声音、温度和其他可感知的信号。

图 6-3 给出了 2020 年半导体产品细分市场的销售数字，从中可以看到，市场由存储器、微型元件和逻辑引领，其次是 OSD 和模拟电子（SIA，2021）。我们将在下面的章节中分别介绍。

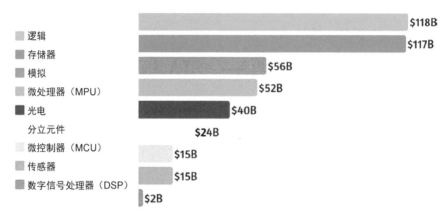

图 6-3　2020 年按元件类型划分的半导体销售分布（SIA 和 WSTS）

注：$1B=10 亿美元

6.3 微型元件

6.3.1 微处理器和微控制器

在最简单的形式中，**处理器**是一个接收输入、处理所有输入并产生输出的芯片，可用于某些预定的目的。**微处理器（MPU）**这个术语通常用于描述更复杂的数字电路，如 CPU，连接到更大的系统。它们执行一般的计算功能，需要外部总线连接到内存和其他外围元件（Knerl，2019）。

微处理器处理一般的计算任务，而**微控制器**执行特定的功能，并将内存和 I/O 连接全部集成在一个芯片上（Knerl，2019）。一般来说，微控制器是更小的、功能较少的处理器，可以提供简单操作的即插即用的计算能力（Knerl，2019）。它们广泛应用于低功耗物联网设备和嵌入式系统。个人计算机和服务器占微处理器销售的最大份额，而汽车、工业和计算占微控制器领域的大部分销售（SIA，2021）。

区分微型元件领域的微处理器和微控制器与逻辑领域的处理器很重要。**逻辑设备**是为特定的应用而定制的，而**微型元件**提供更多的通用处理，可以与各种系统中的其他元件结合（Schafer & Buchalter，2017）。

6.3.2　数字信号处理器（DSP）

数字信号处理器（DSP）用来处理多媒体和现实世界的信号，如声音、图像、温度、压力、位置等（Analog Devices，n.d.）。数字电子技术很难准确地用 1 和 0 表示现实世界，因此需要 DSP 以它们能够理解的方式来理解世界。它们通常对由**模/数转换器（ADC）**转换后的模拟信号数据进行快速处理，然后根据应用情况，将其输出发送到其他处理器或通过**数/模转换器（DAC）**返回到现实世界（Analog Devices，n.d.）。例如，你的手机里就有 DSP，能用低音增强等模式改变耳机发出的声音的性质。DSP 擅长高速实时的数据处理，并且很容易编程，便于应用在各种设备和系统中（Analog Devices，n.d.）。

6.3.3　微型元件市场总结

图 6-4 给出了细分的微型元件市场，数据来自 SIA 和 WSTS 的《2020 年终端应用调查》。微处理器（MPU）、微控制器（MCU）和数字信号处理器的销售额合计为 690 亿美元，占 2020 年行业总销售额 4400 亿美元的 16%（SIA Databook，2021）。微型元件占细分市场终端应用的 57%，与 SIA 框架中的其他元件相比，微型元件更偏重于计算应用（SIA End Use Survey，2021）。

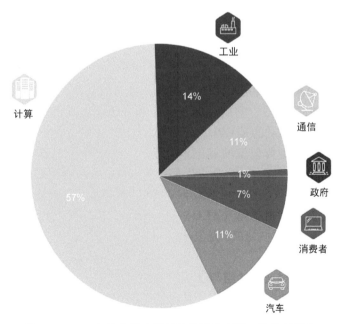

图 6-4　2020 年按终端应用划分的微处理器、微控制器和
数字信号处理器市场（SIA 和 WSTS）

注：数据略有误差，本书与原书数据一致

6.4 逻辑

6.4.1 特殊用途的逻辑

特殊用途的逻辑包含了所有作为标准产品设计和销售的 IC。这包括一系列特定的 IC，包括像以太网和局域网（WLAN）的无线控制器、调制解调器 SoC、图像和声音处理器、PC 核心逻辑和 GPU（SIA，2021）。

特殊用途的逻辑器件是**特定应用标准件（ASSP）**，其设计和集成到系统中的方式**与特定应用集成电路（ASIC）**一样（Maxfield，2014）。"标准件"这个术语只是意味着同一个部件可以用于许多不同的产品。例如，同样的"标准"12 位视频 DAC（数/模转换器）可以用于门铃、液晶电视或手持游戏机。而"定制"部件是专门为单一设备设计的。像苹果手机这样的大批量消费品使用许多不同的定制芯片——当你销售数亿部手机时，使用专门的芯片尽可能地提高每一点儿性能是值得的。两者的主要区别是，ASIC 是为单一系统中的特定用途而设计和优化的（例如，三星为其智能手机设计的 ASIC CPU，或者 AMD 为微软的 Xbox 视频游戏系统设计的 ASIC GPU），而不是更普遍的应用（英特尔设计的基于服务器的 CPU 针对所有数据中心客户）（Maxfield，2014）。标准化的产品类型，如 USB 或 PCIe 等输入/输出（I/O）电路也被归类为 ASSP（Maxfield，2014）。

6.4.2 中央处理单元

顾名思义，**中央处理单元（CPU）**是大多数计算系统的主要处理中心（Encyclopedia Britannica，n. d.）。它们是微处理器的一种类型，当你想到计算机的内部工作时，很可能首先想到的是 CPU，但不要让 CPU 这个词把你的思维限制在桌子上的台式计算机，或者背包里的笔记本电脑——从智能音响到汽车控制系统，任何处理信息的设备都可以有一个中央处理单元。你的咖啡机里可能也有一个 CPU。

你可以把 CPU 想象成计算机的数字"大脑"，根据需要处理和执行指令。CPU 的核心处理是由**算术逻辑单元（ALU）**进行的，它执行所有软件运行所需的数字和逻辑运算（Fox，n. d.）。CPU 是复杂的电路，在一个芯片上可以容纳几十亿个晶体管。

CPU 通常通过**总线**或芯片组与其他模块连接，将信息送入 CPU 进行处理，并将输出数据引导至存储器进行存储，或者传送给其他系统组件（Thornton，2016）。为了与其他保存指令等待处理的存储芯片连接，CPU 使用**寄存器**作为数据进出系统其他部分的物理入口和出口。指令和数据必须通过这些寄存器进出，它们就像一个"信息安全小组"，防止未经授权的人进入俱乐部或私人聚会。每个 CPU 都有固定数量的寄存器，数据可以通过这些寄存器流动，典型的寄存器容量为 8 位、

16 位、32 位或 64 位"宽度"（Thornton，2016）。这些数字表示一个 CPU 在特定时间内可以从其内存中访问的位数。如果把 CPU 看作是水箱，它的寄存器位数表示用于注水或排水的软管的直径。

CPU 或 GPU 中的单个微处理器可以称为核心，能够与其他"核心微处理器"结合，处理复杂的任务，并运行更复杂的应用程序（Firesmith，2017）。当计算机制造商宣传其强大的**多核架构**时，说的就是这个。

CPU 和其他组件一起"集成"到单个的集成电路（SoC）里或者更大的系统上。一台笔记本电脑可能包括独立的 CPU、存储器、GPU、电源和多媒体处理器，而另一台笔记本电脑可能将所有这些都集成到一个 SoC 或多芯片模块（MCM）上。

在为笔记本电脑等设备提供动力的 CPU 的开发方面，英特尔是领先者，尽管许多其他公司如 AMD 也在开发 CPU。

6.4.3　图形处理单元

图形处理单元（GPU） 以驱动电子设备中的图形和三维视觉处理而闻名（PC-MAG，n. d.）。它们使用**并行处理**，而不是 CPU 使用的**串行处理**。**串行处理**使处理器能够非常快速地执行一系列任务，但只能按顺序、每次一个比特地完成指令（Caulfield，2009）。另一方面，**并行处理**使处理器能够将更复杂的问题分解成更小的组成部分（Caulfield，2009）。CPU 在使用适量的内核执行一些复杂的操作方面非常出色，但是在将问题分解成更小的部分方面效率很低（Caulfield，2009）。另一方面，GPU 可以使用几百个内核执行成千上万的专门操作，尽管它们在处理更多不同的操作方面效率不高（Caulfield，2009）。计算机显示屏就是这样一个有规律的结构，为了执行这种图像显示任务，GPU 已经被大规模地优化。总而言之，CPU 更擅长执行种类繁多的任务，如运行 PC 的所有程序和功能，而 GPU 则适合需要大批量重复计算的应用，如图形处理（Caulfield，2009）。CPU 和 GPU 的差异如图 6-5 所示。

在**人工智能和机器学习**方面，GPU 最近有一些令人兴奋的应用（Dsouza，2020）。**深度学习**和其他人工智能技术需要执行大量的相对简单的算术运算。机器学习涉及大量的二维数字阵列（称为**矩阵**）的计算。仔细想想，计算机显示器就是由许多单个**像素**组成的一个大矩阵，因此很自然地将 GPU 视为理想的矩阵处理器。由于 GPU 可以将复杂的问题分解成更小的问题，它们完全有能力处理几百万乃至几十亿次的试错小计算，满足艰巨的人工智能解决方案的需求（Dsouza，2020）。这种数字运算能力不仅让 GPU 擅长机器学习，也让它们擅长挖掘加密货币。GPU 可以比 CPU 更快地完成加密货币挖掘的散列操作。事实上，与多年前公司为图形处理而定制 GPU 一样，现在公司正在制作专门为加密货币挖矿而定制的处理器。

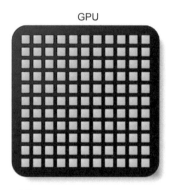

CPU

步骤：
- 串行处理
- 指令每次一比特
- 很少有复杂的操作
- 种类繁多的任务
- 一般处理

GPU

步骤：
- 并行处理
- 指令每次多比特
- 许多简单的操作
- 大批量的重复性工作
- 机器学习和视觉处理

图 6-5　CPU 与 GPU

虽然大多数半导体行业一直在整合，但以人工智能为中心的 GPU 创新已经导致了一个重要的增长领域，新公司已经能够参与竞争。最适合 GPU 处理的具体应用包括自动驾驶、机器视觉和面部识别、**高性能计算（HPC）**、复杂的模拟和建模、数据科学和分析、生物信息学和计算金融等（NVIDIA，2020）。

6. 4. 4　ASIC 与 FPGA

ASIC 和 FPGA 代表了两种不同的芯片设计和开发方法，各有所长，各有所短。

ASIC 是**特定应用集成电路**的缩写。顾名思义，ASIC 是为特定目的而设计的（Maxfield，2014）。通过从头开始设计一个芯片，ASIC 有几个性能上的优势，包括高速、低功耗、更小的面积，以及在大批量时更低的可变制造成本（Maxfield，2014）。ASIC 的主要缺点是设计的前期开发成本很高（Cadence PCB Solutions，2019）。构建芯片是资本和劳动密集型的过程，需要高素质和高工资的工程师团队。即使芯片已经**设计完成（Taped Out）**并送到工厂进行生产，也总是存在良率低或 ASIC 没有达到预期功能的风险。无论多少验证、检验和故障分析都不能消除严重缺陷的风险，在决定开发某个 ASIC 是否有意义时，必须考虑这种风险。

ASIC 的另一个缺点是，它们通常是为某个特定应用而定制的，不能用于其他领域。例如，音频设备使用数/模转换器（DAC）来转换数字语音或音乐数据，这些数据作为模拟信号送到扬声器。驱动手机扬声器的 DAC 是为音频所需的频率和性能水平定制的。同样的 DAC 不能用于转换数字视频信号以驱动液晶显示屏（LCD）。每种应用都需要不同的芯片，这就增加了成本和复杂性。

FPGA 是**现场可编程门阵列**的缩写。顾名思义，这些芯片是"可以编程的"，这意味着它们可以在制造完成后定制某个特定的功能（Cadence PCB Solutions，2019）。

事实上，大多数 FPGA 可以擦除，然后"重新编程"以达到新的目的，因而成为新设计原型的理想选择（Cadence PCB Solutions，2019）。工程师可以针对新的设计用 FPGA 进行编程，测试它在现实世界中的功能，并从那里进行迭代，以完善他们的设计，然后再转移到制造。这个编程步骤可以在几分钟内完成，而设计和制造 ASIC 需要几个月或几年的时间。**仿真器**这种设备在本质上是装有一堆 FPGA 的盒子，它允许 ASIC 设计者在进入制造阶段之前迭代他们的设计（Xilinx，n. d.）。随着芯片制造成本的增加，仿真器也变得越来越重要。对于新的定制芯片，精细的几何工艺可能要花费几百万美元，所以设计的正确性至关重要。仿真这种方法可以进一步验证给定设计在现实世界中的表现，并确保它从工厂回来时能正确运行。我们可以在图 6-6 中看到 FPGA 的各种应用。

图 6-6 FPGA 的潜在应用

虽然 ASIC 的设计时间可能长达一年，而且在制造后不能重新编程，但 FPGA 提供了"现成的"解决方案，使公司能够迅速将芯片推向市场，尽管单位价格要高得多（Cadence PCB Solutions，2019）。

在过去的十年里，FPGA 市场一直由 Xilinx（赛灵思）和 Altera（阿尔特拉）两个主要参与者主导。Altera 在 2015 年被英特尔收购，现在控制了大约 32%~35% 的市场。Xilinx 控制了 50%~55%，后被 AMD 以 350 亿美元收购（Mehra，2021）。

6.4.5 ASIC 或 FPGA——选择哪个呢？

对于许多需要集成电路的公司来说，一个关键的决定是：开发定制的 ASIC

呢，还是使用现成的 FPGA 呢？两难选择的关键是性能和价格的权衡。ASIC 可能需要几个月甚至几年的时间来开发，前期研发成本高达几百万甚至几十亿美元，而且不能保证成品的性能符合预期（Trimberger，2015）。然而，由于它们的定制设计，ASIC 比 FPGA 有相当大的速度和功效优势，因为 FPGA 在执行任务的时候带有 "累赘" ——具体应用并不需要的额外电路。

如果你的工作需要在较短的时间内投入市场，或者产品总量低于预期，FPGA 通常是更好的选择，假如有一些回旋的余地可以应对较差的性能（Trimberger，2015）。然而，随着预期良率的增加，ASIC 的单位成本变得越来越有吸引力（Trimberger，2015）。在更高的良率下，高额的前期开发成本可以分摊到更多的单元，利用长期的良率改进，减少材料的净支出，降低公司在每个设备上的成本（Trimberger，2015）。出于这个原因，大多数产品总量大和性能要求高的公司已经投资开发定制的 ASIC，要么与高通公司这样的无厂化设计公司合作，要么在内部开发。例如，苹果、脸书、谷歌和特斯拉都为其设备开发定制的 ASIC。

图 6-7 显示了 FPGA 和 ASIC 的成本分析。由于给定的 ASIC 的固定成本较高，ASIC 的价值线在 Y 轴上开始较高，而 FPGA 的价值线从 0 开始。在低产量时，这种固定成本的差异对 ASIC 来说是非常不利的因素。然而，随着预计产量的增加，特定 ASIC 的较低可变成本最终弥补了这个差异。ASIC 针对特定的应用进行优化，而且不像 FPGA 那样在额外的电路和成本结构中具有冗余。尽管它们不如 FPGA 灵活，但了解这种权衡的拐点是很重要的。如果你需要大批量的芯片，要求高性能和低功率，ASIC 可能是最好的选择。如果你只需要小批量芯片，没有严格的功率限制，FPGA 可能是更快、更便宜的选择。当然，这个图有些过度简化了。对于特定的技术或行业，这些线的斜率和起点可能有很大的变化。重要的是要进行彻底

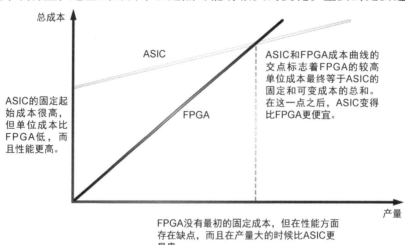

图 6-7　FPGA 与 ASIC 的成本分析

的分析，针对你的应用做出正确的决定。

结合这些策略的一个选择是使用 FPGA 初步证明新的产品理念，并演示解决方案，从而引起客户的兴趣。一旦清除了这个障碍，就可以更容易地获得资金，或者得到公司对 ASIC 开发的大笔费用的支持。图 6-8 中总结了 FPGA 和 ASIC 各自的优点和缺点。

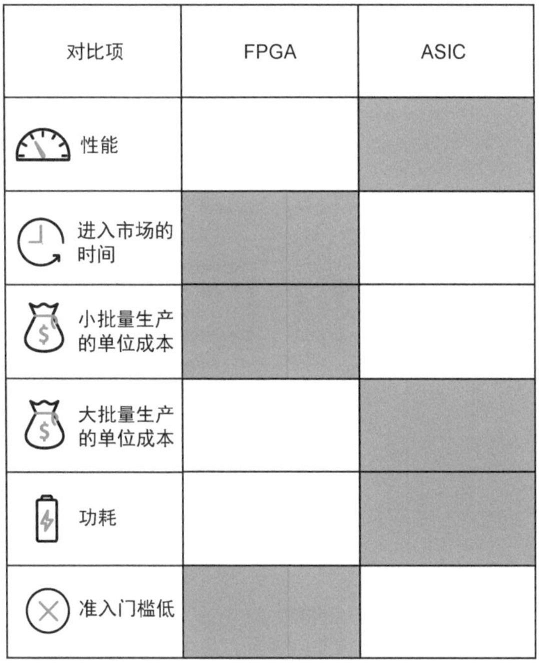

对比项	FPGA	ASIC
性能		■
进入市场的时间	■	
小批量生产的单位成本	■	
大批量生产的单位成本		■
功耗		■
准入门槛低	■	

图 6-8　FPGA 与 ASIC 的比较——优点和缺点

6.4.6　片上系统

片上系统（SoC）是一种复杂的、高度集成的 ASIC 类型，可以在一个硅芯片上容纳几十亿个元件。顾名思义，SoC 在一个 IC 基片上包含了所有功能性器件：一个单元可能有一个 CPU、存储器、GPU、电源管理单元、无线电路以及其他元件或功能模块。要想被认为是 SoC，一个 IC 必须至少有微处理器或微控制器、DSP、片上存储器和**硬件加速器**等外围功能（Maxfield，2014）。

对于像个人计算机这样功率较大的设备，设计团队可能有足够的空间和灵活性来设计具有不同模块的系统，也许可以决定用 MCM 在封装层面集成系统。然而，对于像手机这样的小型应用，多个芯片可能需要太多的空间和功率。更紧密的集成缓解了这些问题，使工程师能够将整个计算系统放在手上。在手机、平板电脑、智能手表等移动设备以及其他空间和电力有限的电池供电设备中，SoC 得到了广泛的应用。虽然 SoC 在嵌入式和移动设备中使用最多，但它们已经越来越多地用于笔记本电脑和其他设备，仍然可以发挥其性能优势。

ASIC、ASSP 和 SoC 的区分可能有点儿乱，我们可以在图 6-9 中更直观地了解它们的关系。主要的区别在于，ASSP 是为多个公司和终端系统设计的，而 ASIC 是为单个公司或产品的单一用途设计的。包含处理器的 ASSP 或 ASIC 被认为是 SoC，不包含处理器的就不是 SoC。

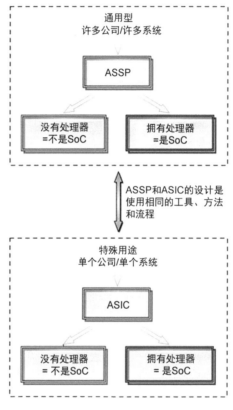

图 6-9　ASIC 与 ASSP 的对比

6.4.7　逻辑市场总结

图 6-10 给出了细分的逻辑市场，数据来自 SIA 和 WSTS 的《2020 年终端应用调查》。CPU、GPU、ASIC、FPGA、SoC 和其他逻辑器件的销售总额为 1180 亿美元，占 2020 年 4400 亿美元行业总销售额的 27%（SIA Databook，2021）。逻辑器件占细分市场终端应用的 44%，与 SIA 框架中的其他元件相比，逻辑器件在通信方面的比重更大（SIA End Use Survey，2021）。

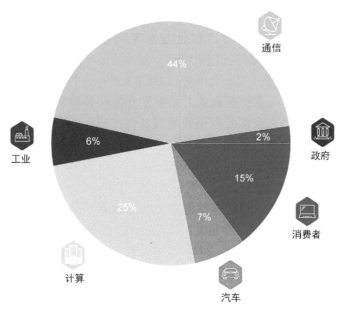

图 6-10　2020 年按终端应用划分的逻辑市场（SIA 和 WSTS）

注：数据略有误差，本书与原书数据一致

6.5　存储器

自 20 世纪 60 年代和 70 年代电子工业诞生以来，市场对数据存储的需求急剧上升，对更先进的存储芯片的需求年复一年地达到新的高度。

6.5.1　存储器堆

存储器的主要功能是存储数据和信息，供大型系统的处理中心使用（Nair，2015）。对于今天许多先进的存储设备来说，存储容量不再是最主要的性能制约因素。在过去的几十年里，存储器和核心系统处理器之间的连接反而成为设备性能的关键瓶颈，推动了新的存储芯片和**微架构**的发展（Nair，2015）。现在让数据进出存储器是关键参数，如果你的处理器检索和传递信息不能比你存储数据的速度更快，额外的存储容量就没有用了。

CPU 和存储器堆之间的指令、数据和信息流从一个输入源开始，流经**存储器层次结构**进行处理和存储。这种输入涉及的种类很多，可以是在键盘上输入的命令或鼠标的点击，也可以是由外部环境的刺激触发的传感器释放的信号——这可能是捕捉到有人说话的声音（"你好，艾莉莎"），家庭安全摄像头检测到的运动，或智能手机屏幕上的刷卡。输入触发核心**指令**，由长期的**非易失性 ROM 存储器**准备，然后发送到堆中位置更高（更接近 CPU）的**易失性 RAM 存储器**（Tyson，n. d.）。这些指令被迅速转移到 1

级和 2 级高速缓存存储器，直接与 CPU 寄存器对接（Tyson，n. d.）。这些高速缓存用于存储数据和指令，以便快速访问。通过**数据总线**，1 级缓存将指令和必要的数据传递给 CPU，然后 CPU 处理它们并返回输出指令，这些指令可以保存在上层缓存中以便快速重复使用，也可以传递到下层永久存储中以便下次使用（Thornton，2016）。

在设计内存架构时，系统设计者总是要平衡内存容量和访问速度这两个相互竞争的限制。大规模、高密度的存储器可以提供你想要的所有容量，但搜索和检索你需要的信息会比较慢。这就是为什么设计者使用一个**存储器层次结构**，用较小但较快的缓存来存储频繁的、对时间敏感的、可以快速访问的操作，而用较大但较慢的存储器来存储需要较少的、更广泛的数据集。

内存可以分为两大类，**临时存储的易失性存储器**和**永久存储的非易失性存储器**（Shet，2020）。两者的第一个重要区别是，易失性存储器需要电源来存储数据，而非易失性存储器不需要（Shet，2020）。一旦易失性存储器断电了，所有的数据都会丢失。永久存储的非易失性存储器用于永不改变的操作——比如用来打开计算机的**启动指令**。另一方面，易失性存储器则用于你正在运行的任何程序或应用的基础操作。当你打开电脑时，它使用的是非易失性存储器，而当你打开网络浏览器时，它使用的是易失性存储器。第二个重要区别是每种存储器的读/写能力——**RAM（随机存取存储器）** 允许处理器既读取（也就是"接受"）输入数据，又写入（或"交付"）输出数据到存储器，而 **ROM（只读存储器）** 只能被编程一次，轻易不能重新使用（Shet，2020）。你可以把 RAM 想象成一块白板，你可以在上面读或写，直到你需要写别的东西，而 ROM 更像是日记本，一旦你把页数用完了，就没得可用了。

一般来说，ROM 存储器用于永久的数据存储，而 RAM 存储器用于运行程序和存储靠近 CPU 的临时数据以便快速访问（Shet，2020）。表 6-2 总结了 ROM 和 RAM 的区别。

表 6-2　ROM 与 RAM 的对比

ROM	RAM
非易失性	易失性
不需要电源	需要电源
更多存储	更少存储
长期存储	短期存储
启动功能	正常业务
慢速数据转移	快速数据转移

利用我们对各种类型的存储器的了解，可以建立一个存储器层次结构，从最接近终端处理器的存储器部件（顶部）到离终端处理器最远的部件（底部）（见

图 6-11）。从顶部开始，CPU 寄存器作为比特（bit）接口，在任何给定的时钟周期内，数据从存储器传输到处理器。缓存是最接近的存储器组件（从技术上讲，寄存器是 CPU 的一部分），其功能是活跃的工作存储器，从不同的 RAM 资源中提取，保证处理器要求的任何数据随时可用。在高速缓存下面，RAM、DRAM 和 SDRAM 作为一般工作存储器。如果说缓存帮助处理需要在对话中出现的信息，那么 RAM、DRAM 和 SDRAM 则代表了一个人对正在谈论的主题所拥有的主动知识。在快速访问 RAM 存储器之后是长期非易失性 ROM 存储器和外部数据收集接口，它们构成了层次结构的最后一部分。

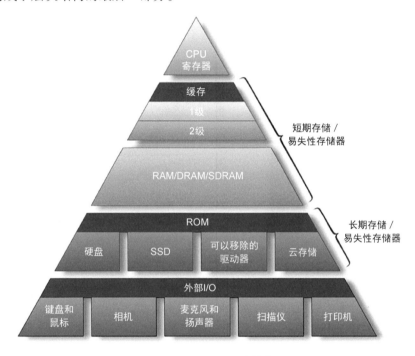

图 6-11　存储器层次结构

把 ROM 想象成图书馆，把 RAM 想象成借书的学生，可能会有帮助（见图 6-12）。在这个比喻中，一排排的书是 ROM 或硬盘，书包是 RAM，书是缓存（RAM 的类型），而学生是 CPU。学生不希望每次上新课都先去图书馆，所以他们把即将需要的书放在书包里，方便取用。为了检索正确的信息进行工作，从 ROM 书架上取下数据和指令，并存储在更快速的 RAM 书包里。从那里，学生（CPU）可以在需要时直接访问书（缓存）。

有许多种类的易失性和非易失性存储器可用，我们将在下面的章节中介绍它们。

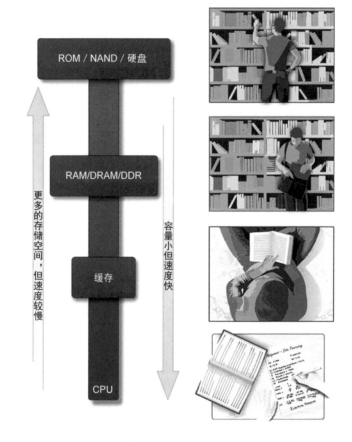

图 6-12　存储器层次结构和图书馆的类比

6.5.2　易失性存储器

最常见的易失性存储器类型是 DRAM 和 SRAM。作为**随机存取存储器（RAM）**，它们的功能是作为 CPU 的短期存储器，使其能够快速访问和处理信息（Shet，2020）。**DRAM（动态随机存取存储器）**可以比 **SRAM（静态随机存取存储器）**容纳更多的数据，但总体上较慢（Shet，2020）。SRAM 的访问速度更快，但需要更大的功率才能正常工作——这是权衡性能和功率的完美例子（Shet，2020）。这种差异来自各自拥有的存储晶体管的数量——SRAM 有 6 个晶体管来保存本地数据，而 DRAM 只有 1 个。

最接近 CPU 或处理器的 RAM 内存称为 **RAM 缓存**，或 **CPU 存储器**，通常被简单地称为**缓存（cache）**。在所有存储器类型中，缓存对速度的要求最高，通常存储等待执行的指令（Shet，2020）。由于速度上的优势，SRAM 经常被用作缓存，而容量更大、功耗要求更低的 DRAM 则更多地被用作临时工作存储器（Nair，

2015）。在图书馆-书包的比喻中，如果等待处理信息的学生是 CPU，那么缓存就是桌子上的一本本独立的书，等待被阅读。

除了缓存级的数据传输率，计算速度也受到存储器 DRAM 和缓存之间传输速度的限制（Shet，2020）。在每个**时钟周期**中，DRAM 和高速缓存之间可以传输固定数量的数据。就其本身而言，即使是传统的 DRAM，其有限的传输速度也会成为显著的处理瓶颈。为了缓解这个问题，一种称为 **DDR**（双倍数据速率的 **RAM**）或 **DDR SDRAM** 的技术被开发出来。与之前的几代 DRAM 相比，DDR 大大提高了数据传输的速度，促进了 DRAM 和缓存之间的连接。从大的方面来说，了解各种类型的 DRAM 和 SRAM 在技术上的细微差别并不重要，重要的是了解 RAM 作为一个类别以及它与存储器层次结构的其他部分的关系。

6.5.3　非易失性存储器

有两种类型的非易失性存储器——**主存储器**和**辅助存储器**。所有的 RAM 存储器都被认为是主存储器，而一些**只读存储器（ROM）**则被归类为次级存储器。主存储器是计算机的主要工作存储器——它们可以被处理器更快地访问，但容量有限，而且通常比较昂贵。辅助存储器，也称为**备份**或**次级存储器**，只能通过互连访问，而且速度更慢。你可以把主存储器想象成店铺的空间，里面有你每天做生意需要的所有货物，辅助存储器就像你存储其他东西的廉价仓库空间。当需要的时候，你可能会把新的存货从仓库带到店里，但没有预算或楼层空间来同时安放这些存货。

6.5.4　非易失性的主存储器

有 5 种主要的非易失性存储器类型：
- **标准的 ROM** 不能被调整或修改，必须在创建时进行编程（Shet，2020）。芯片制造时，数据实际上是不可改变的。
- **PROM**（可编程只读存储器）在制造后可以编程，然而，一旦编程就不能修改。PROM 本质上是 ROM，通过一个称为烧录的过程，可以一次性编程（Shet，2020）。
- **EPROM**（可擦除可编程只读存储器）解决了 ROM 和 PROM 的大部分问题，可以多次擦除和重写（Shet，2020）。然而，要擦除 EPROM，需要一种特殊的工具，利用紫外光的能量来破坏存储的数据，而不破坏底层的电子器件。不幸的是，这种方法不允许选择性擦除，整个 EPROM 在重新使用前必须被重新写入（Shet，2020）。
- **EEPROM**（电可擦除可编程只读存储器）解决了 EPROM 的一些问题。也就是说，不必擦除整个芯片，也不需要紫外光工具来擦除 EPROM（Shet，2020）。EEPROM 的主要缺点是必须一个字节一个字节地改变，使得它们的擦除和重新编程的速度相对较慢。这种缓慢的擦除速度导致了最后一种 ROM——NAND 闪存。

- **NAND 闪存**是一种 EEPROM，克服了其他类型 ROM 的限制。它可以擦除信息，分块写入数据（而不是每次一个字节），并且比 EPROM 工作得更快（Shet，2020）。闪存 NAND 是当今电子设备中用于存储数据的主要 ROM 类型（Shet，2020）。

6.5.5 辅助存储器（HDD 与 SSD）

辅助存储器是外部非易失性 RAM 存储器，具有永久存储和核心设备功能，如启动驱动器。最常见的辅助存储器类型是**硬盘驱动器（HDD）**和**固态驱动器（固态硬盘，SSD）**。硬盘驱动器由一个带有读/写臂的磁片构成，可以无限期地存储数据（Brant，2020）。固态硬盘执行类似的功能，但使用相互连接的 NAND 闪存芯片而不是磁盘（Brant，2020）。NAND 闪存比 HDD 更快、更可靠，但价格更贵、容量更小（Brant，2020）。然而，摩尔定律正在使 NAND 闪存每年变得更便宜和更密集。这种廉价、密集的闪存使我们所有的便携式电子产品成为可能——想象一下，如果你的手机需要一个旋转的硬盘，情况会多糟糕！

如果成本和存储容量是你的主要驱动力，那么硬盘可能是更好的选择。如果多功能性和可靠性更重要，那么选择 SSD 可能会更好。随着内存密度的不断提高，SSD 在移动应用中的份额不断增加。表 6-3 中对比了 HDD 和 SSD 的优缺点。

表 6-3　硬盘（HDD）与固态硬盘（SSD）的对比

	HDD	SSD
动作	比较慢	比较快
可靠性	不太可靠（有移动部件）	更可靠（无移动部件）
热量	热量比较多（有活动部件）	热量比较少（无活动部件）
成本	低廉	昂贵
功率	功率比较大	功率比较小
尺寸	比较大	比较小

6.5.6　堆叠式芯片存储器（HBM 与 HMC 的比较）

在许多系统中，正是芯片之间的互连限制了性能。新的芯片堆叠技术不是将芯片安装在印制电路板上，而是将芯片直接连接在一起，没有芯片间布线的性能缺点。芯片堆叠技术的突破和 2.5/3D 封装架构，使得新的、紧密集成的存储器架构具有明显的性能优势。**高带宽存储器（HBM）**和**混合存储器立方体（HMC）**是用于构建 3D 存储设备的行业标准（Moyer，2017）。从结构上看，HMC 使用 **3D 片上存储架构**，即 DRAM 存储器芯片垂直堆叠在逻辑器件上，并通过**硅通孔（TSV）**相互连接（Moyer，2017）。HBM 采取的方法稍微不同。它把核心逻辑分割为两部分（器件逻辑和主机逻辑），并将存储器芯片堆叠在器件逻辑的顶部，新的内存-逻辑芯片堆通过 **2.5D 封装**配置中的**中介板**与主机逻辑相连（Moyer，2017）。把一些功能分离出来给芯片堆，就可以集成来自更多供应商的芯片。你可能还记得我们关于 IC 封装的小节，**2.5D** 和 **3D 封装**的主要区别是，单个芯片用一块位于 **PCB** 顶部的**基片（衬底）**相互连接（相比于线连接到电路板，连接性有显著的改善）。图 6-13 直观地展示了 HBM 和 HMC 的结构差异。

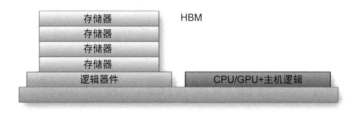

图 6-13　高带宽存储器（HBM）与混合存储器立方体（HMC）的比较

6.5.7　存储器市场总结

细分的内存市场如图 6-14 所示，数据来自 SIA 和 WSTS 的《2020 年终端应用调查》。DRAM、SRAM、NAND 闪存、存储器堆和其他存储器的销售总额为 1170 亿美元，占 2020 年行业总销售额 4400 亿美元的 27%（SIA Databook，2021 年）。存储器在不同终端应用中的分布比例与整个 SIA 框架大致相同。考虑到几乎所有的终端应用都需要存储器来实现核心功能，这种分布并不令人惊讶（SIA End Use Survey，2021）。

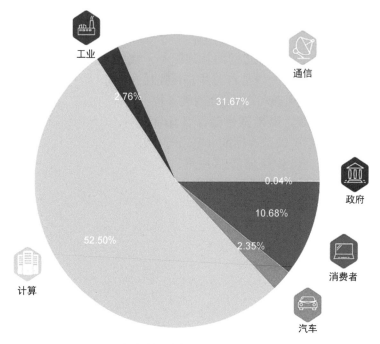

图 6-14　2020 年存储器市场的终端应用（SIA 和 WSTS）

6.6　光电、传感器和促动器、分立元件（OSD）

6.6.1　光电

光电（Optoelectronics） 是产生和接收光波的半导体器件，用于各种应用，包括光检测和图像传感器、LED、信息处理、光纤通信以及显示和激光技术等。**光集成电路（PIC）** 通常被用作数据中心光网络的**光收发器**，使得**数据中心**能够比铜缆更快、更高效地传输信息（Photonics Leadership Group，2021）。我们可以在图 6-15 中看到光集成电路和光电集成电路的各种应用。

6.6.2　传感器和促动器

在最基本的层面上，**传感器**检测现实世界的输入（热、压力、光、声音或其他物理现象），并转换成电信号。它们可以分为**主动式（有源）** 和**被动式（无源）**，前者需要外部电源才能发挥作用，后者则不需要电源来产生输出（GIS Geography，2021）。虽然现在的传感器大多是带有许多板载芯片的有源设备，但仍然可以看到无源传感器继续用于特定的应用，比如老式的水银温度计。传感器经常用于**控制系统**，如调整飞机飞行模式的高度计或触发汽车自动刹车系统的近距离传感器。

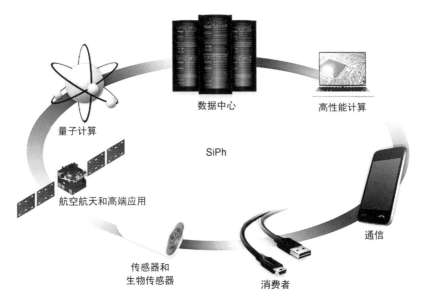

图 6-15 光集成电路和光电集成电路的应用

各种各样的半导体被用于传感器的多种应用，包括光学传感器、压力传感器、气体传感器、速度传感器、重量传感器等（Teja，2021）。

促动器就像反向传感器——它们将电信号还原为现实世界的输出。促动器主要用于工业和制造业应用，如机器人，但也开始应用于消费者和汽车市场。

工业自动化和自动驾驶的现代革命都是通过硅基传感器和促动器的迅速普及而实现的。我们可以在图 6-16 中看到移动设备中的许多常见传感器和促动器。

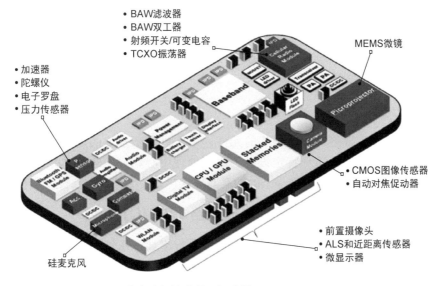

图 6-16 移动设备传感器和促动器（IntelFreePress，2013）

6.6.3　MEMS

MEMS（微机电系统）是在微观尺度上操作齿轮或杠杆的微小机械装置，使用半导体制造技术制造（SCME，2017）。我们可以在图6-17中看到一些MEMS器件的近距离图片（由桑迪亚国家实验室拍摄）。桑迪亚是联邦资助的政府研究和开发实验室，属于美国能源部国家核安全局（NNSA），推动一些关键科学领域的技术创新。

图6-17　MEMS器件的近距离照片（Sandia National Laboratories，n. d. ）

MEMS在技术上不是半导体设备，因为它们不使用电来处理和存储信息，但由于它们和基于半导体的传感器竞争，并使用类似的制造技术制造，所以经常被归为一类。它们的力学性能在传感器产品中很有用，可以检测不同物理属性的阈值（SCME，2017）。这些产品种类繁多，包括安全气囊系统、陀螺仪、磁场传感器和导航系统、麦克风和扬声器、温度传感器、生物医学和化学传感器等（MEMS Journal，2021）。例如，安全气囊中的MEMS器件可能被设计为在施加适当的力时触发气囊展开。除非你专门从事MEMS领域的工作，否则了解MEMS如何工作的基本力学原理并不一定重要，重要的是了解它们是什么，它们的用途是什么，以及它们与更"传统"的半导体设备有什么关键区别。MEMS和传感器的常见应用如图6-18所示。

6.6.4　分立元件

分立元件是大批量、独立包装的元件，用作更复杂系统的启动装置。它们通常帮助把信号和电力输送到特定设备的不同处理中心。常见的分立元件包括简单的电阻、电容和电感，以及更复杂的功率晶体管、开关晶体管、二极管和整流器。

6.6.5　分立元件与电源管理集成电路（PMIC）

以前的电源传输完全由分立元件处理，执行诸如电压调节、电源转换、电池管理等功能。电源管理涉及高电压和高频率移动的信号，这可能会产生大量的干扰问题。将这个功能与关键的传感器集成到一个IC上是很困难的问题。但技术总

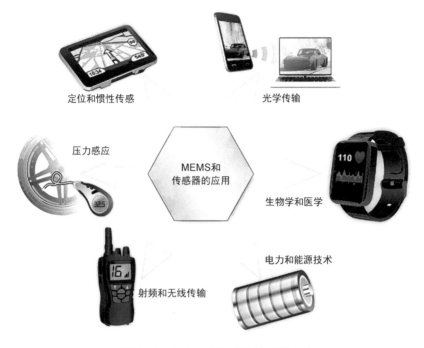

图 6-18　MEMS 和传感器的常见应用

是在不断进步，对更大的集成度和效率的追求导致了 PMIC 和 PMU 的增长。

PMU（电源管理单元）是一种专门用于数字设备的微控制器。PMIC 和 PMU 帮助把电转换为可用的形式，调节电池的使用和充电，并转换控制电压、把电送给系统中的其他组件，如 CPU、内存等。然而，更紧密的集成并不是没有代价——靠得很近的组件会有更大的**寄生效应**（来自其他组件的不必要的干扰）和其他**电源完整性问题**（Texas Instruments，2018）。例如，当一个"嘈杂"的电源管理芯片放在像麦克风这样的敏感电路旁边时，可能会导致性能问题并降低音频质量。PMIC 的前期设计成本更高，但是提高了 PMU 的整体性能和效率，因而具有持久的竞争力。

PMIC 是用于一系列芯片和模块的集成电路，负责调节系统或设备的**功率和电压**（Intersil，n. d.）。通常情况下，系统中的独特组件需要不同的电压才能有效地运行——处理器和存储器为 1.0 V，**接口驱动器**为 1.8 V，而**电源设备**为 2.5 V，这是常见的情况。PMIC 确保这些系统组件中的每一个都能根据其独特的要求获得正确的电压。

6.6.6　光电、传感器和促动器、分立元件的市场摘要

细分的 OSD 市场如图 6-19 所示，数据来自 SIA 和 WSTS 的《2020 年终端应用调查》。分立元件、光电、传感器、执行器和 MEMS 的销售额合计为 790 亿美元，

大约占 2020 年行业总销售额 4400 亿美元的 18%（SIA Databook，2021）。通信、工业和汽车行业合计占整个细分市场的 77%，在终端使用市场中的比例远远高于 SIA 总体框架（SIA End Use Survey，2021）。

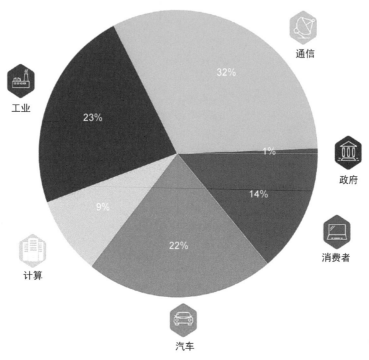

图 6-19. 2020 年 OSD 市场的终端应用（SIA 和 WSTS）

注：数据略有误差，本书与原书数据一致

6.7　模拟元件

数字芯片在处理和存储信息方面占据了主导地位，但正如我们将在无线技术章节中看到的那样，我们的物理世界仍然是"模拟"的，需要专门的模拟芯片来帮助理解它。这些设备包括传感器、无线技术和电源。

6.7.1　通用模拟 IC 与 ASSP 的比较

模拟电路有两种类型：通用模拟 IC 和特定应用标准产品（ASSP）。**通用模拟集成电路**被广泛用作即插即用的模拟元件，可以被优化来执行特定功能，但可以用在许多不同的系统中，就像数字电路里的微型元件。它们包括比较器、电压调节器、数据转换器、放大器和接口 IC（WSTS，2017）。在复杂的系统中，这些通用模拟 IC 经常位于模拟传感器和处理器之间，将模拟传感器信号放大并转换为数字信号，供处理器使用。

模拟特定应用标准产品（ASSP）是为特定应用设计的模拟 IC，类似于 SIA 框架的逻辑部分。许多 ASSP 中都有数字元件，实际上是混合信号器件。**混合信号芯片**包括数字和模拟元件。典型的例子是无线电收发器、音频放大器以及许多种类的 RFIC（射频集成电路），这些将在下一章介绍。

6.7.2　模拟元件市场总结

细分的模拟元件市场如图 6-20 所示，数据来自 SIA 和 WSTS 的《2020 年终端应用调查》。通用模拟集成电路、ASSP 和其他模拟元件的销售总额为 560 亿美元，占 2020 年行业总销售额 4400 亿美元的大约 13%（SIA Databook，2021）。模拟元件在汽车、工业和通信领域使用最多，分别占其终端应用的 26%、26%、27%。与分立元件、光电子、传感器和执行器部分一样，模拟元件在计算应用中使用最少（SIA End Use Survey，2021）。

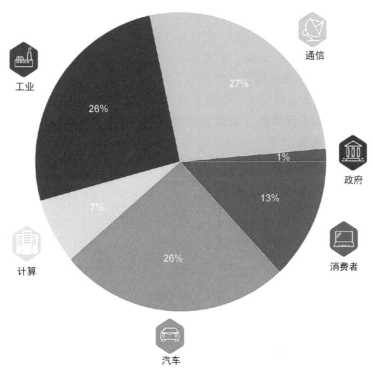

图 6-20　2020 年按终端应用划分的模拟元件市场（SIA 和 WSTS）

6.8　信号处理系统——把组件放在一起

为了理解这些组件如何联系在一起，把电子系统看作信号处理设备是很有用的。为了说明这一点，让我们研究音乐制作人的笔记本电脑，看看它如何使用 SIA 框架中的 5 个不同组件来录制和混合音乐。首先，麦克风记录了模拟音频信号，而笔记本电脑中的**模/数转换器（ADC）**接收了他们想在新曲目中使用的乐器的真实声音。然后，ADC 将该信号送入**数字信号处理器**（微型组件），它接收传入的数字流，还可以应用一些简单的**信号处理算法**。制作人可能想增加低音内容，或调整音量。新转换的**数字信号**被发送到**中央处理器**，在这个例子里是 CPU，运行制作人用于编辑的混音软件。中央"系统"处理器（逻辑）按照混音程序的指示执行其他任务时，可以使用**易失性存储器**（比如 DRAM）来存储暂时收集的声音信号。一旦制作人完成任务，她可以告诉中央处理器，使用系统的**非易失性存储器**（如 **NAND 闪存**）存储完成的曲目，以供日后使用。当音乐制作人准备播放做好的歌曲时，数字信号被发送到另一个数字信号处理器，然后由**数/模转换器（DAC）**把它转换为模拟信号。模拟信号最后被送到**模拟处理器**，或许就是一个**放大器**，通过笔记本电脑的扬声器把音乐放大到现实世界。在整个系统中，各种**分立元件**执行诸如**系统计时**和**电源管理**等功能，使设备能够正常运行。

另一种认识计算机的方式是，它就像你的中枢神经系统（见图 6-21）。在这个比喻中，**CPU** 或其他微处理器执行高水平的大脑功能，如逻辑推理和解决问题。**缓存**和其他 **RAM** 作为短期记忆，你的大脑可以执行紧迫的任务，如记住你刚认识的人的名字，而 **ROM 存储器**（硬盘或固态硬盘）则作为长期记忆发挥作用。组成芯片组的**北桥**和**南桥**就像你的脑干，连接大脑和脊髓以及神经系统其他部分。然后，芯片组通过**系统总线**与系统的其他部分进行通信，系统总线的作用就像脊

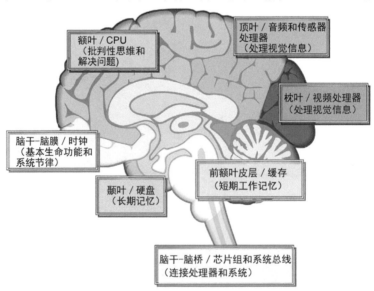

图 6-21　中枢神经系统和个人计算机（PC）的类比

柱的其他部分。最后，**I/O 设备**、**传感器**和其他外围部件的作用就像外部的感觉神经元，使你能够感知和应对外部环境。如果你的手碰到热炉子，手指上的神经就会沿着手臂、脊髓，通过脑干向你的大脑发射信号，然后通过神经系统发送信号，告诉你的手要移动。以类似的方式，游戏机可能通过一个内部传感器感知其核心温度变得太热。传感器发出的信号将传到系统总线，通过芯片组传到缓存，最后传到 CPU，CPU 将向用于冷却的风扇发出信号：赶紧转得快一点！

6.9　本章小结

本章首先区分了模拟和数字电子技术——强调了它们在信号结构、数据传输方法和功率要求方面的差异。我们还介绍了关键的信号特性，如频率和波长，并沿着电磁波谱对其用途进行了分类。在此基础上，我们总结了 SIA 框架中的 5 个系统组件类别，然后对每个类别进行了详细的分解。

1）**微型元件**是即插即用的数字处理器，包括微处理器（MPU）、微控制器和数字信号处理器（DSP）。

2）**逻辑**是为特定目的设计的数字处理器，包括特殊用途的逻辑和 ASSP、中央处理器（CPU）、图形处理单元（GPU）、ASIC、FPGA 和 SoC。

3）**存储**芯片用于存储短期（RAM）或长期（ROM）的数据，其结构是分层次的，以便 CPU 或系统中的其他处理器能够快速获得数据。

4）**光电、传感器和促动器以及分立元件（OSD）**包括光电、传感器和促动器以及分立元件。

5）**模拟元件**在许多应用中都很有用，如无线技术和电源，并经常与数字电路混合，形成混合信号芯片，能够进行模拟到数字（ADC）或数字到模拟（DAC）的信号转换。

尽管存储器、微型元件和逻辑负责行业收入的大部分，但所有这 5 项都是半导体生态系统的组成部分。

6.10　半导体知识小测验

这里的 5 个问题都和本章有关，可以确保你理解了学到的知识。

1. 比较和区分模拟和数字信号。

2. 在 SIA 框架中，微型元件和逻辑的区别是什么？

3. 在存储层次结构中，哪种存储类型最接近 CPU？为什么？

4. 什么使得 MEMS 与集成电路相似和不同？如果你要给 MEMS 器件归类，你会选择哪个 SIA 元件系列？

5. 为什么模拟元件适合用于无线通信？为什么数字元件不适合？

第 7 章　射频和无线技术

在第 6 章的开始，我们讨论了模拟和数字信号的差异，以及为处理这些信号而设计的各种子部件。在第 7 章，我们特别关注模拟世界，分解了射频和无线电子的令人兴奋的工作。从汽车收音机到手机，无线技术能够让人们在全球范围内即时获取信息和娱乐，改变了我们的日常生活方式。在我们追踪这个演变过程和使其成为可能的硬件技术之前，我们需要考察一下电磁波谱。

7.1　射频和无线

考虑两种形式的能量，有助于更好地理解无线系统。第一种形式是**电能**，我们在第 1 章讨论过。电能沿着**导体**运行，是电势差的结果，导致**电流**在电子设备的内部线路和电路中运行。第二种形式是**无线**的"空气传播"能量，像水面上的涟漪一样从一个地方传播到另一个地方。作为具有无限创造力的学者，我们将把这称为**波能**。

通过操纵这两种能量——电能和波能——人类每天创造、存储和交流近 30000 亿字节的信息（Bartley，2021）。电气工程师通过控制随时间变化的电能强度，创造电气"模式"或信号来实现这一魔法。计算机使用这些模式来相互通信——发送、接收、存储和处理我们在日常生活中使用的信息。

7.2　射频信号和电磁波谱

到底什么是射频信号？**射频信号**是模拟的"波"信号，用于在没有物理电缆或有线连接的情况下，把信息从一个地方传输到另一个地方（NASA，2018）。始于 20 世纪 60 年代的半导体革命受到这些物理连接的限制，但无线技术使我们能够把技术带到任何地方。这些模拟无线信号可以存在于强度和频率的很大范围内，称为**电磁波谱**（NASA，2018）。

什么使得射频信号与其他模拟"波"信号如声音和视频不一样呢？是**频率**。频率是电子产品用来区分不同信号的参数（NASA，2018）。如果你想过为什么你能同时听广播和打电话而不互相干扰，这就是答案：为了传递不同类型的信息，广播、电视频道、电话和互联网服务提供商都使用不同的频率范围，称为**频段**（Commscope，2018）。

联邦通信委员会（FCC） 严格规定谁可以使用哪些频率范围（频段）进行哪些类

型的通信，以避免信号间的互相干扰（FCC，2018）。即便如此，有时我们的设备也会相互干扰——试试在离微波炉太近的地方使用蓝牙耳塞，它可能会毁了你的播客。

每个频段都为特定的通信协议保留，确保所有用户都遵守相同的标准（AM、FM、CDMA、802.11等）。服务供应商只有有限的**频率范围**（**带宽**），他们可以向客户提供不断扩大的成套服务，如互联网和电视（FCC，2018）。正因为如此，供应商被激励着在固定的频率范围内为尽可能多的人提供尽可能多的信息。他们的目标是尽可能地从分配的带宽中挤出更多的回报，在**CDMA**等无线技术上投资几十亿美元（关于这一点，稍后会有更多介绍）。简单地说，当电话公司和电视供应商在他们的广告中吹嘘"带宽"和网络速度时，他们真正说的是"我们利用我们的频率范围向大多数客户提供最快速的服务"。

从图7-1可以看出，电磁波谱的各个部分用于不同的应用。**射频（RF）** 描述了"频谱实业"的一部分，我们将其用于无线电、电视广播和其他。在射频频率范围内，有一小段包括微波，其频率范围用于Wi-Fi、雷达和手机信号。所有电磁波都是**辐射**。大多数频率是无害的，但在高频率下，它们可能是非常有害的，正如图中右侧的**电离**部分所示。

7.3　RFIC——发射器和接收器

所有的射频系统都有两个主要组成部分——**发射器**和**接收器**。接收器和发射器的基本功能很简单，信息由发射器发送，并由接收器接收（这里稍微难了点儿，但是别担心）。一个部件有可能既是接收器又是发射器——这称为收发器。稍后会有更多关于这个问题的介绍。

大多数发射器和接收器至少需要6个基本组件来运作：电源、振荡器、调制器、放大器、天线和滤波器（Weisman，2003）。并非所有发射器或接收器里的组件都需要电源来运行。需要电源的称为**有源元件**，不需要电源的称为**无源元件**。我们在下面的章节中对6个基本的发射器和接收器部件进行逐一审查。

1）**电源**——射频波是一种能量形式；这种能量必须来自某个地方，比如手机中的电池。

2）**振荡器**——这是"射频"波的来源。振荡器产生射频模拟"波"信号，作为传输信息的"载波"（Lowe，n.d.）。振荡器设置传输的频率。

3）**调制器**——有些真正的魔术就发生在这里。为了使振荡器产生的射频"载波"信号发挥作用，它需要被"打上"数字信息的烙印，再送到接收系统中。调制器通过对**载波信号**的**频率**或**振幅**进行小的调整来实现这一目的，然后由另一端的接收器中的**解调器**接收并转换为数字信号。图7-2粗略描述了调制器的作用。这是一个调幅系统，因为调制输出数据的高度（或振幅）取决于数字输入数据。解调器将分离射频载波信号（波）和信息输入（数字"计算机"语言信号），因此

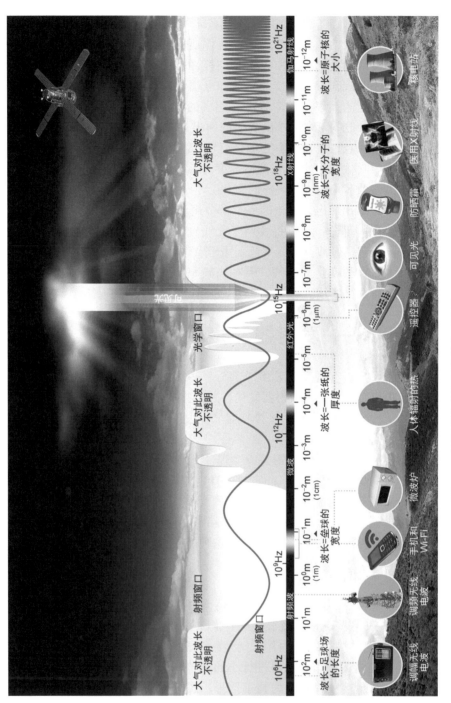

图 7-1 按频率和应用划分的电磁波谱（NASA，2010）

接收计算机的数字机器可以正确处理信息。用来转换射频模拟和数字信号的一个关键设备称为调制解调器。**调制解调器**这个设备既有调制器又有解调器——是的，早期的通信工程师并不善于给事物命名。调制解调器可以同时执行调制和解调算法，使其能够把信号快速地从模拟转换到数字，以及从数字转换到模拟（Borth，2018）。

图 7-2 调制器

4）**放大器**——这增大了或放大了信号。信号越强，传播得就越远，并能保持其准确性。随着射频能量的扩散或进一步传播，它遇到各种介质（在那里它被部分吸收），被其路径上的物体反射，或经历其他电磁能量和信号的干扰，这些都会让它遭受损耗。当一个信号在通过一个部件后变得更大时，该信号就有了**增益**（与**损耗**相反）。当一个信号到达其预定目的地时，很可能已经失去了相当数量的原始强度。对于这个微弱的信号，可以使用放大器将信号提升到计算机可以处理的可用强度。在另一端，当信号从发射器出来时，放大器被用来提升信号，以便它能在保持**信号完整性**的同时传播更远的距离，并向接收设备传递完整的信息。放大器在整个射频系统中用来提高信号强度，这有各种技术原因，可以形象化地把它们看作是微弱输入信号和新鲜输出信号的助推器（Weisman，2003）。

5）**天线**——天线是接收信号和把信号发射给其他系统的部件。许多天线可以同时扮演这两种角色，交替地作为发射器和接收器（Weisman，2003）。

6）**滤波器**——射频部件的目录远远超出了你可能需要了解的范围，但在我们继续之前，还有最后一个器件值得我们注意——**滤波器**。从概念上讲，滤波器是相对简单的。它们的目的是让预定频率的信号进入系统，把非预定频率的信号挡在外面，就像私人社区的保安在你进出时检查你的车牌。在射频领域，这些非预期的信号可能来自**干扰**或**噪声**，它们可能来自随机的环境干扰（这称为 **EMI**，即**电磁干扰**），以及在类似频率下运行的射频信号的广播所产生的其他"人工"射频噪声。当你把收音机调到 94.7FM 时，你不会同时听到 FM94.9 上播放的歌曲，原因就在于滤波器。所有这些其他频率的信号都被"过滤"了。射频系统中使用的滤波器主要有 4 种类型（Shireen，2019）。

① **低通**：滤波器只让低于某个频率的信号进入。

② **高通**：滤波器只让高于某个频率的信号进入。

③ **带通**：滤波器只让两个频率之间的信号进入。

④ **带阻**：滤波器只让某个频率范围以外的信号进入。

为了说明所有这些部件怎么结合在一起，图 7-3 提供了发射器和接收器的简单**框图**。在这个例子中，我们假设传输的数据是音频或视频信号，但它可以是任何数据包。例如，一个简单的指令，在你的手机上加载你最喜欢的网站。并非每个射频系统都是这样的，但为了概念上的理解，假设接收器正在处理它刚刚收到的射频信号，而这个射频信号由收发器中的振荡器产生。滤波器可以存在于整个系统中，但是可以认为它们位于放大器和天线之间（而且它们经常就是放在那里）。

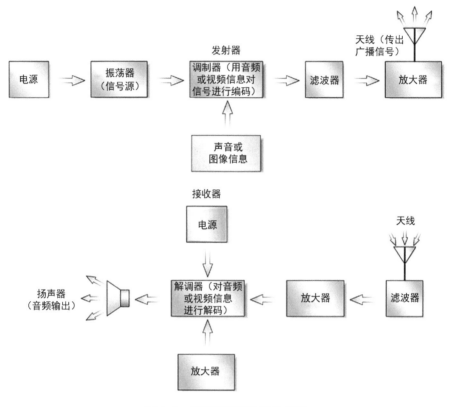

图 7-3　发射器和接收器的框图

如果追踪图 7-3 中发射器的数据路径，我们可以看到它始于振荡器，它发射出载波信号。这个载波信号与数字信息（本例中为音频或视频数据）结合，形成无线信号，通过滤波器和放大器，在传输给预定的接收设备之前，对信号进行修改和放大。如果追踪接收器的数据路径，我们可以看到，它从天线开始，接收来自另一设备朝此方向发射的信号。然后，信号通过过滤器和放大器，进入解调器，解调器将无线载波信号和数字声音或图像信息分开，然后将收到的信息传递给系统使用或进一步处理。

7.4　OSI 参考模型

系统设计者有一项具有挑战性的工作要做。他们必须确保系统：①作为正常运作的单元组合在一起；②与其他设备进行无缝衔接的通信。对于先进设备的设计机构来说，第一项挑战可能涉及协调数千名工程师在几十个子模块上工作。一旦克服了第一个挑战，一个高性能的设备就能完全发挥作用，如果没有某种共享的规则或准则，与不同公司的设计方法、技术和流程的设备进行整合，就会非常复杂，甚至根本不可能。

为了进一步说明问题，想象一下你是硬件工程师，正在构建一个芯片，旨在帮助在移动设备上运行应用程序。为了发挥作用，该系统必须能够有效地运行由客户的软件工程团队编程的代码，同时与各种其他硬件设备如笔记本电脑、蓝牙设备和其他手机集成。你怎么才能设计一个系统与其他所有东西一起工作呢？总不能无中生有吧——每个硬件公司都会建立不同的系统，运行不同的编程语言，并且难以相互沟通。然而，有了 OSI 模型，你就可以"按照配方"建立系统，既支持你的软件团队的需求，又能与其他设备无缝连接。

开放系统互连（OSI）模型描述了连接底层硬件和面向用户的界面的系统层，使用者与之互动。这些层本身是标准和协议的集合，允许设计工程师和系统架构师相互沟通（在层内），与在其他层工作的工程师沟通（在层之间），以及在特定网络内的其他系统。正如你可以想象的那样，由于今天存在的电子系统的数量和种类，设计能够一起工作和相互集成的系统和产品是一件复杂的事情，很有挑战性。像 OSI 这样普遍接受的模型，能够实现必要的标准化，以产生高性能的网络和集成系统。

该模型将网络功能分解为一个由七层组成的 **OSI 系统堆**，每层都可以独立设计。第 1~3 层负责网络中信息的物理传输，而第 4~7 层处理用户应用。第 7 层（即**应用层**）包含与消费者互动的**用户界面**，就像你手机上的网页或应用主屏幕。每下降一层，你就更接近为应用程序提供动力的电路。该模型的最底层是**物理层（PHY 层）**，数据本身（一串 1 和 0）在这里传输到底层硬件。在实践中，物理层包括一个或多个电子电路，将设备连接到更大的网络。这种电路通常包括混合信号和模拟集成电路、收发器和接收器等射频元件以及能够解释和修改传入和传出信号的 DSP 模块。你可以在附录中看到对每一层更详细的描述。

说白了，OSI 模型主要是为一个更大的网络中不同设备之间的系统间通信而设计的。还有许多框架和标准的集合，用于在特定系统内工作的设计团队之间进行通信，而不是在系统之间进行通信。例如，不同的**操作系统**可能有单独的协议和标准，比如苹果（iOS）或安卓（Android），使得在**硬件抽象层**或**平台层**工作的**嵌入式软件工程师**与在同一公司的**中间件层**工作的软件工程师沟通。重要的是，一个系统的面向外部的终端可以与其他设备很好地整合。不同参考模型的多样性和复杂性远远超出了本书的范围，但是你可以把任何计算系统想象成从硬件到用户的明确定义的层的集合。通过在 OSI 模型的物理层下面添加一个"硬件层"，我们可以创建一个通用的**宏系统堆**（见图 7-4）。本书只讲这个堆中的"硬件层"，但我们不能忘记它上面的那些让硬件发挥作用的层！

图 7-4 宏系统堆

宏系统堆是一种更实用的思考方式，说明计算系统的各层是如何结合在一起的。与你互动的是**应用层**——无论是手机上的应用程序，还是计算机上的程序，或者你正在访问的网站的界面。**中间件层**包括后端应用框架。传统的软件开发人员在这里对特定应用程序的"内部工作"进行编码——将各种数据库、功能和安全协议联系在一起，为软件程序提供动力。**中间件**建立在**平台层**上，由**内核**和**设备驱动程序**支持的操作系统组成，管理各种硬件组件的操作，如内存和 CPU 时间（GeeksforGeeks，2020）。**硬件抽象层**和**物理层**在为其提供动力的软件和硬件之间架起桥梁。在硬件平台、硬件抽象和物理层之间，是嵌入式软件和固件。**嵌入式软件和固件（Firmware）**也是软件，但是比典型的中间件层或应用层代码更"接近"硬件。例如，固件可能用来执行低层次的任务，如模/数或数/模转换。这两个术语可以互换使用，尽管嵌入式软件通常指的是，影响设备更高层次特性或功能的代码，这些代码通常比固件离核心电路更"远"。所有这些都建立在**硬件层**上，包括我们在本书中了解的物理电路和核心硅。

7.5 射频和无线——大画面

现在你应该大致了解射频设备的内部运作了，但这个设备网络是如何协同工作，带来你最喜欢的节目，让你与另一个城市的朋友交谈，或将你连接到互联网的呢？为了理解无线网络系统的这个"大画面"，我们将跟踪一个典型的长途电话的路径（见图 7-5）。

图 7-5　长途电话的信号路径

首先，打电话的手机会发射信号（通过其发射器的天线），这很可能会被手机信号塔或基站接收到。**基站**是中继点，将服务网络延伸到一个特定区域（Commscope，2018）。由于射频信号传播得太远就会失去强度和准确性（由于**干扰和噪声**），为了确保你不会失去信号，服务提供商已经花费几十亿美元在全球范围内建立了强大的基站网络（Commscope，2018）。

你可以把**基站**想象成一个带有路由器的巨大接收器和发射器，它接收来电或广播，并将信号引导和放大到另一个基站或"信息交换中心"，然后再到达预定目的地（Wright，2021）。基站有各种形状和大小——手机信号塔、建筑物顶部的小站，以及你在高速公路边看到的那些俗气的天线（拙劣地伪装成树），都是基站（Commscope，2018）。每个基站都有覆盖范围，称为**覆盖单元**，把单元拼凑起来，就构成了服务提供商的覆盖区域。根据经验，单元越小，信号强度越大（距离越小=干扰和噪声越小），但覆盖的区域也越小（Weisman，2003）。当你去偏远地区徒步旅行时，那里的服务可能很糟糕，原因是你离手机可以连接的基站太远了。服务供应商一直在权衡更强大的网络（更多的基站）的优势和成本。图 7-6 总结了主要的基站类型，在图 7-7 中可以看到它们的覆盖区域。

宏蜂窝

大型手机信号塔提供广泛的覆盖范围。塔的高度为15~60m，范围可以从几千米延伸到30多千米。

微蜂窝

杆状安装的设备约有月饼盒大小，提供街区、建筑群或邻里的覆盖。典型的范围是1~2km。

超小蜂窝

小型结构或杆式安装设备，提供建筑或街道层面的覆盖区域。典型的范围是200m左右。

楼内系统

非常小的设备，约为车牌大小，提供楼层或房间级别的覆盖。也称为超微蜂窝或家庭基站。

图 7-6 不同类型的基站

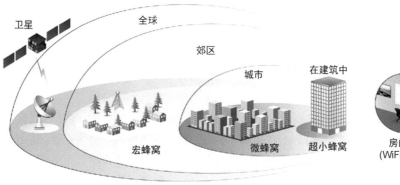

图 7-7 不同类型的覆盖单元

　　一旦接收到你的电话信号，基站就会将你的电话发送到交换中心，那里可以把它转接到任何地方。例如，如果是国内长途，你的电话可能会被转到一个卫星上，然后再转到另一个靠近目的地的交换中心。然后，该交换中心将把电话转接到另一个基站或固定电话，最终可以把电话连接到预定的接收者。

　　当然，通过卫星或固定电话直接连接也是一种可能（这就是卫星电话和有线电视），很多时候，从一个中心到另一个中心是硬线连接的。硬线信息传输对于处理时间和信息完整性来说是很好的，但可能非常贵，所以它通常用于较短的距离，用于交易所之间的重要数据传输，以及对速度要求特别高的用途（Weisman，2003）。例如，高频金融交易公司花费了几十亿美元从芝加哥到纽约铺设光缆，以缩短金融数据到达其交易中心的时间，缩短几毫秒。即使你用座机打电话，如果接电话的人不在你的位置附近，你的电话也有可能通过卫星或长距离光纤电缆被无线转接到另一个更接近最终目的地的路由中心。

7.6　广播和频率监管

由于有这么多的设备和用户可用的有限带宽，在任何时候都有令人眼花缭乱的射频信号在漫天飞舞。

如果一个基站同时收到一个以上的呼叫，它怎么知道哪个信号是哪个，以及每个信号应该去哪里呢？为了缓解这个问题，FCC 对频谱频率进行严格的监管，确保我们不会对电磁波谱的重要部分造成过多的"信号污染"（Weisman，2003）。FCC 规定了哪些频段可以用来做什么，这样你的电话就不会干扰到你的邻居沉迷"与卡戴珊同行"了。这些频段是有限的、宝贵的资源，为了服务提供者的最佳利益，他们要尽一切可能利用分配给他们的固定带宽，最大限度地发送信息。

解决这个问题需要很多复杂的技术，我们将在下面几节中介绍。

7.7　数字信号处理

数字信号处理器（DSP）用来实时处理信号，并在模拟和数字信号之间进行转换。在射频和无线通信中，DSP 技术使用复杂的数学和计算方法，将更多的信息纳入一个给定的数字信号。通过将更多的信息装入同一个信号里，我们可以用相同的、有限的频率带宽，把更多的信息从一个地方发送到另一个地方。DSP 使用复杂的算法来实现这个目标，编码并缩小特定信息所需的"频率空间"，这个过程称为信号压缩。**信号压缩**可以是无损的，它利用特殊的算法，以较少的存储量对确切的信息进行编码，或者使用关于人类能看到和听到什么的复杂理论，只存储我们能感知的信息。

第二个需要了解的技术是不同种类的多路接入标准。从本质上讲，**多路接入标准技术**允许服务提供商通过同一基站，或在一定的带宽内转接多个呼叫。今天最常用的两种多路接入技术是 TDMA 和 CDMA。

7.8　TDMA 和 CDMA

TDMA（时分多址）首先将呼叫者的声音转换为数字比特，然后将这些数字比特分成定义好的时间"块"，将呼叫分离或复用（这是工程术语）到同一频率通道内的时间域。这些来自不同对话的通话时间"块"使用相同的少量带宽（这就是我们所说的**信道**），一个接一个地发送。这都是因为语音实际上是带宽非常窄的信号。语音的采样频率为 4 kHz，如果 TMDA 信道有 4 MHz 的带宽，我们可以在这个信道上塞进 1000 个语音信号。

你可能会想，把一个对话分成这么小的部分并分别发送，会导致无法理解的混乱。TDMA 的神奇之处在于，系统可以将"对话块"快速地组合在一起，以至于在对话中没有可察觉的过失，即使在每个块被接收时可能有间断（ITU，2011）。请记住，所有这些组件都以非常非常快的时钟速度运行。一个 1 GHz 的芯片（每秒10 亿次操作），可以在短短 1ms 内对你的电话数据进行一百万次操作。相信我，你永远不会注意到。

你可以把 TDMA 想象成这样：两个变戏法的人沿着同一条路走，互相抛出不同颜色的球（每种颜色是不同的对话），然后把球扔进不同的"呼叫桶"。在这个比喻中，变戏法的人可以快速地抛出球，看起来他们只是在玩一个简单的接球游戏，对于电话另一端的听众来说，对话没有间断。

另一方面，**CDMA（码分多址）**使用算法对数字化的语音比特或其他数据进行编码，并在更宽的信道（更大的频率范围）上传输，然后在接收端进行"解码"（ITU，2011）。CDMA 不是沿着一个给定的信道交替发送哪个设备的比特，而是可以同时将数据从许多发送方发送给许多接收方，并使用算法和数字信号处理（DSP）技术来确保数据完整地到达正确的地方。

图 7-8 有助于说明我们的杂耍者比喻。TDMA 将数据复用为可以使用同一个频率通道、一个接一个地发送的数据块，而 CDMA 则使用数字信号处理在更宽的频

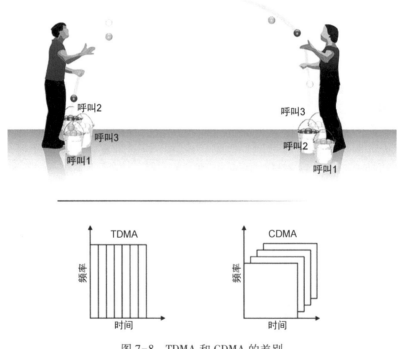

图 7-8　TDMA 和 CDMA 的差别

率通道上同时发送数据。数字信号处理技术快如闪电，帮助这两种方法建立不间断的信号和强大的、不间断的服务。

这些技术在哪里得到了实际应用？TDMA 是**全球移动通信系统（GSM）**的基础技术，是全球通信网络的主要标准。在美国，AT&T 等运营商使用 GSM，而 Verizon Wireless 使用 CDMA。

7.9　1G 到 5G（时代）——进化和发展

电信和无线技术的世界总是在不断发展——这里有一个广角镜，看看我们已经走了多远（Vora，2015）。最初 1G 技术的传输速率只有 4 kbit/s，而今天的 5G 技术的传输速率高达 1000000 kbit/s（1 Gbit/s），几乎是原来的 25 万倍。

1G——第一代：这是手机技术首次出现的时间，从 1970 年代末开始。第一批手机又大又笨重，电池寿命很短。它们使用**模拟技术**将射频模拟"波"信号从 A 点以无线方式发送到 B 点。

2G——第二代：这时的手机使用调制技术，可以无线传输数字数据。**CDMA** 和 **GSM** 技术的发展使服务提供商能够以更低廉的价格连接更多的设备，尽管服务仅限于语音和短信。

3G——第三代：在语音和短信服务的基础上，3G 技术扩大了无线能力，提供电子邮件、视频流、网络浏览和其他技术，使"智能手机"成为可能。

4G——第四代：建立在硬件技术进步基础上的高速连接，使数据传输、手机游戏、视频会议、高清内容传输和云计算能力更快。

LTE（长期演进）——你经常会看到服务提供商将这个术语与 4G 一起使用（"4G LTE"），宣称他们的服务比竞争对手更好、更快。实际上，LTE 只是一个行业标准，用于确保各种设备、接入点、基站、卫星和其他构成电信网络的部件能够相互配合，形成一个功能齐全的大系统。像 LTE 这样的标准有助于确保不同的技术公司能够开发出与系统的其他部分协同工作的产品，这一点非常重要：你肯定不希望，每当自己的手机被转到由不同的网络供应商运营的手机信号塔上时，你的服务就会被切断。

5G——第五代：也许你到处都能看到 5G，但这一代网络技术仍在开发中，其目的是使 4G 更快、更有效。为了让"数据吞吐量"的连接速度更快，5G 技术需要一个强大的网络，由数以千计的基站塔和数以万计的小蜂窝天线单元组成，部署在整个覆盖区域。

图 7-9 给出了从 1G 到 5G 的演变过程。自从 20 世纪 70 年代出现消费用的 1G 模拟系统以来，电信基础设施和无线技术迅速发展，为企业和消费者提供更多的连接和性能。6G 网络正在开发中，以实现需要大量数据的新应用和空间的持续增长。

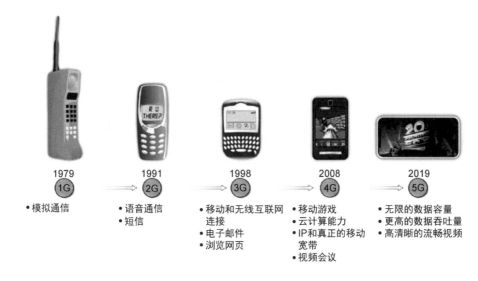

图 7-9　从 1G 到 5G 的演变

7.10　无线通信和云计算

虽然从 1G 到 5G 的演变带来了数据传输的指数级改进，以及移动游戏、视频会议和高清视频流等全新技术，但这些更快的速率推动了对**云计算**的永不满足的需求。对我们许多人来说，"云"是难以捉摸的谜，但这个概念其实比想象的要简单得多。我们所说的云，实际上只是无数的服务器被安置在称为数据中心的巨大房间里。通过在更高性能的计算机上存储或托管应用程序，公司和消费者可以存储信息，运行应用程序，并提高容量，而不必投资和管理他们自己的所有基础设施。之所以能够这样，是因为今天的通信网络非常快。如果你每次都要用 56 kbit/s 的调制解调器来查看，你就不会想到把 1 MB 的照片存储在云端。但是，当数据交换率快如闪电时，你可以在几秒钟内获得所有的照片、音乐和电影，为什么还要买一个外部硬盘或一个顶级的 512 GB 苹果手机呢？同样的道理，当 AWS（亚马逊网络服务）或谷歌云能够以较少的麻烦和较低的成本处理时，为什么还要建立私人公司的服务器呢？在过去几十年无线创新蓬勃发展之前，像数据中心这样的集中式计算业务的瓶颈是，将数据送往和运出终端用户。随着这个瓶颈的缓解，云计算在这里得到了延续。现在的问题已经从有限的带宽转移到建设和加强数据中心的基础设施，以便能够支持日益膨胀的需求。

图 7-10 给出了两个数据中心的例子，左边是微软建造在海运集装箱里的数据中心，用于处理和重新分配必应（Bing）地图数据，右边是谷歌在艾奥瓦州康瑟尔布拉夫斯的数据中心的鸟瞰图（Scoble，2020）（Davis，2019）。它有 20000 平方米的空间，但是与位于香港的中国电信数据中心相比，就显得微不足道了，后者

的面积超过 100 万平方米，是世界上最大的数据中心（Kumar，2022）!

图 7-10　微软的必应地图团队使用的数据中心（左）和谷歌在艾奥瓦州康瑟尔布拉夫斯的
数据中心（右）（Scoble，2020）（Davis，2019）

7.11　本章小结

　　本章深入研究了电磁波谱的射频部分，了解不同的频率带宽如何被联邦通信委员会（FCC）仔细地监管。接下来，我们把所有射频系统的两个主要部分——发射器和接收器——分解成它们的组成部件。通过将 6 个主要的组件——振荡器、调制器、放大器、天线、滤波器和电源——与数以千计的独特无线构件交织在一起，工程师们能够建立复杂的系统，进行长距离、高频率的远程处理和移动通信。在分析了射频组件之后，我们退后一步，更广泛地考察了 OSI 参考模型和更大的宏系统堆。在这里，我们比较了不同类型的基站，并跟踪了一个国际电话的信号路径，从全球任何地点转接到世界另一端的接收器。此后，我们思考一个问题——这么多的信号是如何使用相同的带宽和空间进行传输的？我们在 TDMA（时分多址）、CDMA（码分多址）和数字信号处理技术中找到了答案，这些技术有助于通过不同的信号分割和定时方案来最大限度地提高吞吐量。我们跟随这些带宽优化技术经历的电信演变，从 20 世纪 80 年代和 90 年代的第一代模拟设备到今天正在发展的高频 5G 网络。最后，我们谈到了无线技术进步和云计算崛起对下游的影响。

　　所有射频系统都依赖射频发射器和接收器来发送和接收信息。利用 TDMA、CDMA 和 DSP 等技术，服务提供商和设备制造商能够最大限度地利用有限的带宽。随着技术的进步，每一代无线设备和电信基础设施都能提高我们在电波上的传输和接收能力。作为几乎所有射频系统的基础，半导体彻底改变了我们相互沟通、自我娱乐和处理信息的方式。

7.12　半导体知识小测验

　　这里的 5 个问题都和本章有关，可以确保你理解了学到的知识。

1. 当我们说"射频"时，我们是什么意思？哪些关键特征区分了这种和那种射频信号？

2. FCC 是如何管理共享频率带宽的？哪些技术用来将更多的信息装入一定数量的带宽？每种技术是如何完成这个任务的？

3. 说出任何发射器或接收器的 5 个关键基本部件。第 6 个部件是什么，它的特点是什么？

4. 为什么物理层在 OSI 模型中如此重要？其他 6 层是什么，它们的功能是什么？

5. 什么让每一代电信技术变得独一无二？这些进步如何促成了云计算的发展和成功？

第8章　系统结构和集成

完成了模拟电子世界中的射频和无线技术之旅以后，我们现在把重点转回数字领域，深入研究半导体生态系统中的计算核心——微处理器。微处理器是计算系统的"大脑"——它们包含执行指令、处理数据和运行复杂软件程序所需的算术、逻辑和控制电路。今天最先进的个人计算微处理器包含超过 1000 亿个晶体管，系统的复杂性和设计挑战从未如此之大（Apple Newsroom, 2022）。为了应对这种挑战，设计领导者必须密切关注微架构和宏架构决策，仔细地权衡灵活性和性能与更紧密系统集成的成本和复杂性。在本章中，我们将分析这些领导者在构建下一代电子设备时面临的架构决策和权衡。

8.1　宏架构与微架构

"架构"这个术语在半导体工程中可以用来指两件事——系统架构或微架构。

系统架构，用于定义整个芯片系列的宏架构，在技术上由不同种类的**指令集架构（ISA）**描述。ISA 描述了指令从程序员传递到计算机的方式（Thornton, 2018）。由于软件是程序员和它上面的物理硬件之间的管道，用于构建硬件的架构类型，可以显著影响处理器运行的程序类型以及整个系统的性能。

另一方面，**微架构**描述了 ISA 在硬件设计中的具体实现方式。CPU、GPU 和 PMU 可能都是使用单个的 ISA 来设计，这个 ISA 支配着整个 SoC 的设计，但仍然有独特的微架构。

8.2　常见的芯片架构：冯·诺伊曼架构和哈佛架构

冯·诺伊曼架构是物理学家和数学家约翰·冯·诺伊曼在 20 世纪 40 年代提出的一种宏观架构，也是大多数现代计算机至今仍然使用的架构。冯·诺伊曼框架依赖于三个部分——CPU、输入/输出接口和内存。在 CPU 内部，存在①寄存器，这里的数据和指令来自存储器，也传递给存储器；②控制单元，决定哪些指令应该执行；③算术和逻辑单元，指令在这里执行，信息在这里得到实际处理（BBC, n. d.）。

哈佛架构有大部分相同的系统组件——CPU、内存和 I/O 接口。两者的区别主要在于它们如何访问（输入）和分配（输出）信息。在冯·诺伊曼设备中，CPU既从内存中接收指令和数据，又用相同的I/O接口分配输出（armDeveloper, n. d.）。另一方面，采用哈佛架构的设备将指令和数据解析到两个独立的内存库中，每种类型的输入都有独特的总线（Khillar, 2018）。通过将数据和指令分开，哈佛设备在理论上可以同时访问内存和指令集，减少执行一条指令所需的**时钟周期**。困难在于如何保证正确的时间安排（也称为**流水线**），使指令和数据同时到达CPU（Khillar, 2018）。因为冯·诺伊曼框架只有一条总线，设计不那么复杂，因此成本比较低（Khillar, 2018）。我们可以在图8-1中看到冯·诺伊曼架构和哈佛架构的差异，并总结为表8-1。

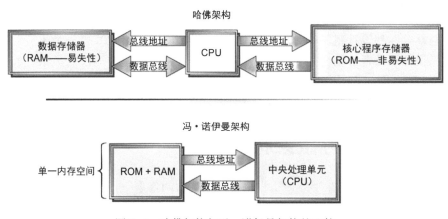

图8-1 哈佛架构与冯·诺伊曼架构的比较

表8-1 冯·诺伊曼架构与哈佛架构的比较

	冯·诺伊曼架构	哈佛架构
存储	指令和数据的内存地址相同	为指令和数据提供单独的内存地址
频率和时钟周期	执行一条指令需要两个时钟周期，一个用于指令检索，一个用于数据检索	每条指令一个时钟周期
数据传输和指令传递	不能同时进行	可以同时进行
芯片设计	更简单，更快，更便宜	比较贵，比较慢，更复杂（两条总线而不是一条总线）
处理类型	串行处理	并行处理
真实世界的应用	计算机、可移动的SoC、复杂数字电子技术	微控制器和专门的DSP

　　冯·诺伊曼设备占了复杂设备的绝大多数，而哈佛架构在有限的情况下用于微控制器和数字信号处理器。明确地说，冯·诺伊曼和哈佛架构更多的差别是理

论上的宏架构类别，而不是在实践中选择的具体宏架构方案。绝大多数集成电路使用冯·诺伊曼"类型"的机器架构——系统设计者必须权衡利弊，决定哪种冯·诺伊曼宏架构最适合他们正在构建的设备。

8.3　指令集架构（ISA）与微架构

指令集架构（ISA） 决定了一个特定的处理器可以支持的指令集。另一方面，**微架构** 决定了处理器在执行层面上如何接收和执行这些指令。另一种思考方式是，ISA 提供了更高层次的设计要求，定义了一个给定的系统必须能够执行哪些类型的指令，而微架构为如何构建一个支持这些指令的系统提供了具体的、低层次的设计指南（Maity, 2022）。说白了，这里的**指令**是指计算机遵循的由程序员编写的代码行，而不是你从宜家买书架附带的装配说明书。这些指令的目的是让计算机执行一项特定的任务（也称为**功能**），并执行指令性操作。

为了更好地看出这些差异，这里给出第 7 章里宏系统堆的更详细版本，我们将其称为通用架构堆（见图 8-2）。在通用架构堆中，从最底层的晶体管开始，随着抽象程度的增加而向上移动，直到我们到达应用层，那里包含你我可能与之互动的用户界面。在堆的每一层都可以清楚地看到这种抽象性。在堆的第 2 层，来自底层的晶体管被组合在一起，形成用于实现关键计算功能的逻辑门构件，以及作为CPU 和外围电路之间接口的寄存器。在这之上，微架构决定了这些逻辑门构件如何组合在一起，形成构成系统的功能模块。由各个设计团队的微架构制作的模块必须遵守第 4 层的系统指令集架构，它决定了系统必须能够执行哪些类型的指令。在底部四个硬件层之上，包含操作系统的平台层通过固件与硬件相连。最后，中间件层（包含核心后端软件编程逻辑）和应用层（包含用户界面）在其下面一层的操作系统上运行。

图 8-2　通用架构堆

每一层都依赖于它下面所有的层，并且必须被设计为支持它上面的层。无论你是在笔记本电脑上保存课程作业的学生，还是对硬件和操作系统的接口进行编程的硬件工程师，你的输入最终必须由构成集成电路的晶体管和功能部件来执行。实现这个目标的转换过程很困难，需要跨越多个领域和学科的工程技术。抽象层对于构建高性能系统非常重要，因为它们可以缩小这些差距。

除了系统内部面临的挑战，这些抽象层如此重要的另一个原因是，它们使硬件设计者能够保持跨系统的兼容性，从而使软件程序能够运行在不同设备上，共享相同的基本指令集。如果基本指令没有标准化，那么对于支持不同指令集（ISA）的公司所设计的设备，软件开发者就无法制作在这些设备上运行的应用程序。想象一下，如果每家软件公司都要为他们的软件创建十几个独立的版本，以便在他们的客户可能使用的每一种笔记本电脑上运行，那将是多么令人头疼的事情！

为了进一步说明这种差异，我们可以考虑由不同公司开发的不同ISA。由ARM控股公司开发的流行的授权ISA **ARM架构**可能会被多家公司同时使用，设计相同类型的设备，但它们的微架构完全不同。例如，三星和高通可能都使用ARM架构为下一代智能手机设备构建定制的处理器，但每家公司都有其授权的ARM ISA的单独实现（也就是有自己的微架构），每家公司都有独特的功能和性能水平等。

除了决定一个处理器将支持的指令类型外，ISA还决定了系统可以处理的每条指令的格式和最大长度（Maity，2022）。这些是两个主要类型的ISA（CISC和RISC）之间差异的基础。

8.4 指令流水线和处理器性能

在深入研究CISC和RISC的差异之前，我们回顾一下决定处理器性能的关键因素。这些差异在各种情况下都是有用的，但是特别有助于理解CISC与RISC的权衡。从架构的角度来看，为了提高某个特定处理器的速度，主要可以做三件事——我们可以①提高时钟频率；②同步任务性能；③流水线操作（Engheim，2021）。以下进行分别讨论。

为了提高处理器的性能，我们首先寻找提高时钟频率的方法。正如前几章介绍的那样，**时钟频率**是指每秒的时钟周期数，是衡量处理器性能的常用指标。一个**时钟周期**衡量的是处理器**振荡器**（释放电信号的设备）的两个脉冲之间的时间（Intel，n. d.）。我们可以让信号移动得更快，或者缩短它在电路中经过的距离，从而提高时钟频率，提升处理器速度。但是怎么运作呢？为了帮助解释，让我们假装这个电路是学校食堂的流水线，学生的午餐就是在这里完成的（见图8-3）。简单起见，我们假设今天是星期二，特别提供玉米饼套餐，我们从一个厨师开始，他沿着四步流水线，每次在一个盘子上做玉米饼套餐。

如果一个时钟周期是信号在处理器中移动并完成一个操作所需的时间，那么

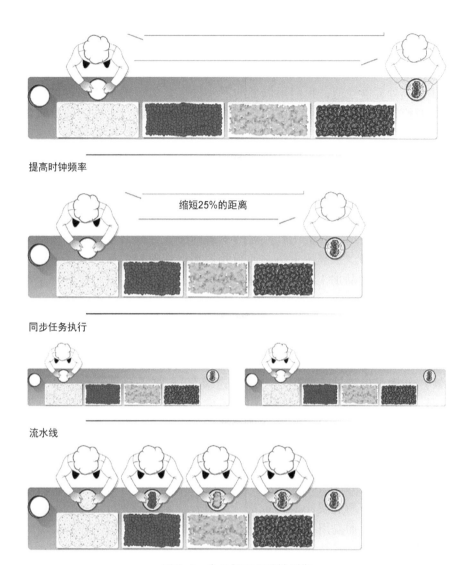

提高时钟频率

缩短25%的距离

同步任务执行

流水线

图 8-3　食品加工和时钟周期

"加工周期"就是一个盘子在食品生产线上移动并完成一份完整的学生餐所需的时间。为了加快学校食堂的午餐生产速度，我们可以做的第一件事是缩短"加工周期"的长度。就像我们在缩短时钟周期时，时钟频率会增大，处理速度会提高一样，如果我们能让厨师的动作更快，那么我们的"加工频率"就会增大，"食品加工"的速度就会提高。对我们来说，不幸的是，电子和学校厨师只能移动得这么快，所以，仅通过处理速度来提高性能的方法还不够。另外，我们可以尝试缩小处理器的尺寸或缩短装配线的长度，这将缩短信号或午餐必须经过的距离，减少时钟或加工周期，并提高我们的处理速度。不过，我们只能将这个距离缩小到一定程度，毕竟厨师必须有地方放置食材，而且处理器能缩小多少也是有物理限制的。通过减少时钟和加工周期以及缩短**关键路径**的距离，我们已经能够大幅提高性能，但是还可以做更多。

为了提高处理器性能，我们可以做的下一件事是加入**同步任务性能**。要做到这一点，我们需要在处理器上增加一个或多个处理核心，有时称为**协处理器**。现在，每个内核都可以同步处理不同的任务，减少完成特定任务所需的净时间，提高整体性能。GPU 特别适合这种并行处理，对于需要大量重复计算的应用，如机器学习和视觉处理，显示出强大的性能。

在做饭的比喻中，我们可以雇佣第二个厨师执行同步任务。就像一个伪独立的处理器核心与其他核心并行地执行一个功能一样，我们的新厨师可以在一个单独的、但相同的食品加工线上工作。这两个厨师的联合努力应该能够在更短的时间内完成更多的午餐。从理论上讲，如果我们想增加学校午餐的吞吐量，可以简单地不断制造新的食品加工线，直到完全填满厨房。然而，我们只有一个地方可以向学生收钱，也只有一个柜台可以把食物送到他们手中——有时候，我们制作玉米饼的速度会比学生取走的速度快，它们开始堆积起来。更多的食品加工线也意味着更多的成本，在学校预算微薄的情况下，这也许是不可能的。这类似于微处理器所面临的成本和产量限制，它们只有这么多的"电子计数器空间"（寄存器）可用于接受输入和输出（到高速缓存）。如果有另一种方法可以加快处理时间，而不依赖于更多的内核，同时考虑到吞吐量瓶颈，那就好了。幸运的是，有这样一种方法——我们提高处理器性能的第三个也是最后一个选择——流水线。

流水线是一种加快任务的方法，将冗长的工作流程分解为较小的并行任务。同步处理依赖于任务沿着不同的路径（多核处理器）并行执行，与此不同的是，流水线将一个过程分解为更小的组成部分，沿着特定路径并行地执行。流水线方法绝不限于微电子，而是用在各种应用领域（比如食品加工）。

回到食堂，如果不是让我们的学校厨师一次做完一份餐，而是让四个厨师并排做，每个人做四分之一，然后再传给站在他们旁边的下一个厨师，那会怎么样呢？今天是星期二，午餐是玉米饼，所以第一个厨师在第一个加工周期内将玉米饼加热并摆在盘子上。在第二个加工周期中，第二个厨师将一些鸡肉放在玉米饼上，而第一个厨师则加热一些新玉米饼。在第三个加工周期中，第三位厨师加入生菜，同时第一位和第二位厨师重复他们的步骤。最后，在第四个加工周期后，第四个厨师加入一些莎莎酱，完成了这一份套餐，并在下一个周期准备好了下一盘。我们可能无法缩短制作一份套餐所需要的时间，但我们可以增加在给定时间内的交付量。

回到处理器，我们可以把较长的"复杂"指令分解成四条同样大小的"精简"指令，每条指令需要大约四分之一的时间来完成（25%的时钟周期）。在第一个时钟周期后，第一条指令已经完成了四分之一的时间。在第二个时钟周期之后，第一条指令完成了一半，而第二条指令完成了四分之一。到了第四个时钟周期，第一条指令的完成时间与较长的"复杂"指令大致相同。然而，由于流水线充满了传入的指令，不是每一个完整的"复杂"时钟周期完成一条指令，而是每四分之一周期完全完成一条流水线的"精简"指令。这就是 RISC 相对于 CISC 的关键优势——精简的指令更适合于流水线，提供的性能超过了对应的 CISC。

无论我们谈论的是玉米饼还是电子，流水线都可以显著提高我们的**处理吞吐量**，使我们能够在每个周期内完成比以前更多的午餐或指令（Engheim，2021）。这可能被证明是实质性的优势，依赖于应用的情况，可以让一个 ISA 比另一个 ISA 更有优势。

8.5　CISC 与 RISC

ISA 的两种主要类型是 **CISC（复杂指令集计算）**和 **RISC（精简指令集计算）**（Thornton，2018）。使用 CISC 架构的常见处理器包括摩托罗拉的 Motorola 68k、PDP-11 和英特尔的几代 Intel x86，而使用 RISC ISA 的知名处理器包括 ARM、RISC-V、MIPS、PowerPC 和 Atmel 的 AVR（McGregor，2018）。RISC 和 CISC 有许多区别，尽管最明显的是它们处理指令的方式。

每个处理器都有一个**时钟周期**，限制了它在给定时间内可以处理的指令数量。从概念上讲，你可以把时钟周期想象成节拍器或心跳——每个节拍是处理器执行特定任务的时间窗口。要理解这一点，重要的是要记住，当计算机执行指令时实际发生了什么——它正在将软件"输入"转换为物理信号（电子的模式），让它们通过电路并在那里进行操纵和处理，然后转换为某种有用的软件"输出"。一个时钟周期是"指令信号"的单个脉冲，在处理器电路中流动。一个处理器每秒可运行的时钟周期数（时钟速度）决定了它处理指令的速度。时钟周期频率（时钟频率）越大，处理器就越快。CPU 每秒可以运行几百万个时钟周期，处理速度可达几百万甚至几十亿**赫兹**（每秒周期数）（Intel，n. d.）。

CISC 和 RISC 处理器的关键区别是，RISC 处理器将指令分解成更小的片段，可以一次运行一条，而 CISC 处理器运行的指令需要一个以上的时钟周期来执行，因此它们称为精简指令集计算与复杂指令集计算（Engheim，2020）。乍一看，直觉可能会告诉我们，CISC 处理器一定更好，因为它们在每个单位时钟周期可以运行更多的指令单元。然而，对于上一节所述的许多处理器性能因素，RISC 通常是许多应用的更有效选择。与使用更长的、多时钟周期的指令集的 CISC 处理器不同，RISC 处理器将指令分解成更短的、标准化的指令集，对指令流水线进行了更好的优化，更容易被**编译器**处理。流水线是一种复杂的调度操作，必须确保执行特定任务或操作所需的数据和指令在适当的时间到达 CPU。RISC 处理器的目标是将指令与时钟周期的比率保持在1:1，确保稳定和可预测的时钟周期，从而显著提高处理速度（Engheim，2020）。

这些差异的原因来自半导体历史。CISC 出现在 1970 年，随后大约 10 年，出现了第一个 RISC 原型（IBM，n.d.）。在行业发展的早期，编译器不可靠，程序员经常直接用汇编代码编程。**编译器**将 Java 和 C#等高级编程语言翻译成计算机可以理解的机器级语言，而**汇编语言**更接近硬件，与编译语言相比有许多缺点，包括复杂性增加、使用困难和可移植性降低（Pedamkar，n.d.）。随着编译器的改进，整个行业的设计团队更广泛地采用 RISC 架构。

由于它们处理精简指令，RISC 处理器往往消耗较少的电力，使它们成为电力特别有限的应用的理想选择，如移动电话或其他电池供电的设备。这种优势在更高性能的应用中会被削弱，如服务器或个人笔记本电脑，它们往往更经常地使用 CISC 处理器。

虽然在许多方面更有效率，但 RISC 处理器确实需要更多的**内存**（RAM，以访问额外的代码）和更高的编程效率（更短的指令意味着更多的代码行）（Bisht，2022）。在前几十年 RISC 架构刚刚兴起时，内存芯片要贵得多，这曾经是严重的缺点，但随着内存芯片变得更小、更便宜，这个劣势已经大大减轻了（Teach Computer Science，2021）。表 8-2 中总结了 CISC 和 RISC 的区别。

表 8-2　CISC 与 RISC 的比较

	CISC	RISC
时钟周期	每条指令有多个时钟周期	每条指令占一个时钟周期
指令长度	可变长度	标准长度
指令量	更少的指令	更多的指令
流水线	不利于流水线	有利于流水线
内存使用情况	更少的内存使用量	更多的内存使用量
设计方向	以硬件为中心的设计（对编译器的依赖性较低）	以软件为中心的设计（更依赖编译器）

8.6　选择 ISA

选择 ISA 是一个困难而重要的决定。许多 ISA 是可授权的，如 **MIPS** 和 **ARM** 控股公司提供的 ISA，尽管有些是专有或**开源**的，如 **RISC-V**。通常情况下，授权的 ISA 有预先设计好的处理核心，而开源的 ISA 没有（McGregor，2018）。许可费和特许权使用费是决定是否许可、构建或借用的关键因素。

通常比直接成本更重要的是每种 ISA 带来的风险。根据特定设计的选择，每一种都有优点和缺点。首先，工程领导者必须考虑在内部实际开发一个核心处理器的时间和成本。大多数 ISA 授权公司授权的处理器，都是作为任何定制终端产品的核心。即使一个独特的核心处理器设计在可行的时间范围内完成，也总是有制造风险，可能导致新的处理器和架构失败。

也许更重要的是下游的软件影响。像 **ARM** 和 **x86** 这样的 ISA 有成熟的软件"生态系统"，有开发成熟的软件开发堆。构建一个具有专有架构的新处理器，需要开发新的固件、操作系统和开发工具（Hill et al., 2016）。即使硬件和软件执行没有毛病，投入市场的时间也可能是问题。当你的公司还忙于开发一个核心处理器和专有架构时，竞争对手正在发布新产品。

需要问自己的问题是：客户是购买处理器，还是购买它的功能。如果客户购买的是你的新算法或集成处理器和传感器系统，那么取得现有 ISA 的授权可能最有吸引力。但是，如果处理器本身构成了你的业务核心，或者增加了一些市场上没有的独特价值，那么定制设计可能是正确的答案。图 8-4 比较了不同 ISA 选择的相对风险。

	专有的ISA	授权的ISA	开源的ISA
硬件设计成本	高	低	高
软件工程成本	高	低	中等
现有的软件生态系统	低	高	中等
进入市场的时间	长	短	长
制造业风险	高	低	高
设计的灵活性	高	低	高
特许权使用费和授权费	无	中等	无

图 8-4　ISA 的权衡——专有的、授权的和开源的

8.7 异构与单片集成——从 PCB 到 SoC

从历史上看，由于制造和光刻技术的进步，晶体管尺寸不断缩小，半导体设计公司能够继续提高其设备的性能，而不必过多关注设备结构和集成（Gupta & Franzon，2020）。因为有足够的"回旋余地"，一个设计即使包括几百万个不必要的晶体管，仍然可以使用更少的功率和空间，以较低或同等的成本提供更好的性能。即使一家公司有动力使其芯片更有效率，制造完全集成的设备所需的额外设计工作也很昂贵，而且摩尔定律的快速发展使上市时间成为关键的限制因素。在许多情况下，当一个完全集成的设备被制造出来时，下一代的制造技术已经远远超过了设计团队所能提供的额外效率。

缩小晶体管尺寸以提高性能的趋势，通常称为**几何缩减**，一直持续到过去 10 年左右，当时业界遇到了三个主要问题（Gupta & Franzon，2020）。

首先，随着晶体管越来越小，逻辑器件越来越密集，**电源管理**问题成为先进系统的主要设计限制，取代了**频率**这个主导因素（Gupta & Franzon，2020）。现代CPU 和其他先进的设备往往不能使用它们的全部"火力"，因为以这样的速度运行所产生的热量，实际上会烧毁有关的电路。

其次，像 **EUV** 这样的**光刻技术**依赖于缩短的光波长，这些光波长足够短，可以刻蚀越来越小的芯片特征（IRDS，2020）。尽管这些技术可能维持到现在的几何尺度，但研究人员很难找到能够有效刻蚀更小特征的光波长（Brown et al.，2004）。

最后，晶体管所使用的材料的厚度现在只有几个原子的厚度，几乎没有进一步缩小的空间（Gallego，2016）。直截了当地说，不会有足够的原子来制作低于某个阈值的可用的特征图案。

除了这三个物理限制外，每一个相继的技术节点都需要不成比例的更昂贵的工艺技术，这增加了建造新工厂的成本，并且提高了单位制造成本。一些现代工厂的成本高达 200 亿美元，使用最先进的工艺节点制造芯片非常昂贵，促使设计者尽量从旧节点中挤出更多的性能（Lewis，2019）。

总之，随着近年来**摩尔定律**的放缓，业界已将重点从几何缩减转向**功能扩展**，通过优化特定应用的设计和转变系统架构，实现更多的异构和单片集成，从而提升性能（Gupta & Franzon，2020）。

在**异质集成**中，众多芯片集成在同一个板（PCB）上或同一个封装内，称为**系统级封装**或 **SiP**（Lau，2017）。对于板级异构集成，不同的芯片和元件焊接在板上，并相互连接。对于 SiP，不同的芯片和功能模块封闭在同一个封装中，并通过互连或**硅通孔**相互连接，使用 **2.5/3D 芯片堆叠**技术将芯片堆叠在一起。通过保持功能部件的分离，系统架构师和设计师能够更好地"即插即用"，同时仍然享受到更紧密集成的系统的性能优势。

在**单片**或**同质集成**中，许多功能模块被包含在单个的集成电路上，产生了一个功能齐全的系统，称为 SoC（片上系统）（IRDS，2020）。系统的集成度越高，信号到达芯片的其他部分所需的距离就越小。然而，像 SoC 这样的全集成系统设计起来很复杂，也有许多必须考虑的缺点。

在 **PPAC** 的四个方面——性能、功率、面积和成本——异质集成（SiP）和同质集成（SoC）有明显的利弊权衡。较小的**外形尺寸**（设备面积）使 **SoC** 在面积和功率效率方面具有显著优势，使它们成为像手机这样的小型电池供电设备的热门选择。然而，它们的性能可能受到影响，这取决于应用。为了达到最佳性能，芯片的每个功能部分可能需要不同的材料和工艺技术，这在单个晶圆上很难甚至不可能做到（IRDS，2020）。在单个**晶圆**上集成所有部件，就像在 SoC 中一样，一些部件的功能可能非常好，而另一些则表现不佳，因为它们使用的材料和工艺没有根据各自的要求进行优化（IRDS，2020）。

在是否使用单片集成或异质集成方面，成本的差异也起着很大的作用。一方面，更大的集成度需要更多的设计工作，因此设计成本更高、制作也更复杂（Gupta & Franzon，2020）。然而，这可能不会在所有情况下降低异质器件的单位成本。单片器件需要的总面积较小，在一个晶圆上可以印制更多的芯片，并降低净制造成本（Gupta & Franzon，2020）。同时，异质集成实现了"制造套利"：不同的**工艺节点**可用于系统的不同部分。例如，在 SiP 中，像内存或核心逻辑这样的高级模块，可以用最先进的 3 nm 工艺节点制造，而不太先进的部分，如模拟或射频元件，可以用 130 nm 工艺节点制造（IRDS，2020）。只用更先进的工艺节点制造一些部件，系统中使用旧的、更便宜的技术的部分可以给公司省很多钱。他们还可以只改变存储器和逻辑器件，以实现更多的功能，同时保持电源管理或射频元件不变，从而建立下一代系统。工程主管人员在决定采用哪种架构时，必须非常谨慎地平衡额外的设计成本和制造成本的差异。

我们可以在图 8-5 中看到这些权衡的结果。单片集成的 SoC 比板上集成的异质集成系统消耗的功率更少，占用的空间更少。然而，板上系统（SoB）的设计更灵活，设计成本更低，还可以设计得更快。片上系统介于两者之间，提供更好的设计灵活性，同时由于更高的集成度而获得更高的性能、功率和面积优势。

除了核心的 PPAC 因素外，系统架构师和设计团队必须牢记上市时间——根据经验，系统的集成度越高，需要的设计时间就越多。如果竞争对手正在发布新产品，给你的团队施加压力，也许最好不要从头开始设计新的 SoC。

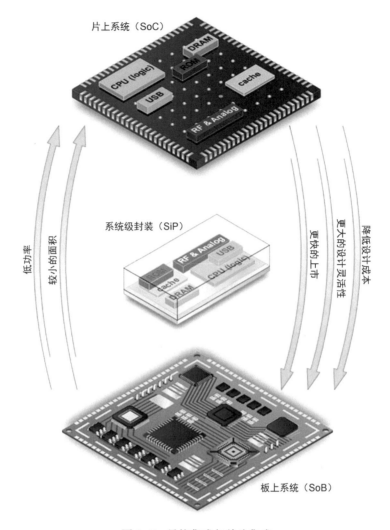

图 8-5　异构集成与单片集成

8.8　本章小结

本章首先分析了宏架构和微架构的区别——系统指令集架构（ISA）描述了核心处理器如何传递及接收数据和指令，而微架构则描述了 ISA 如何在特定电路中实现。我们接下来比较了冯·诺伊曼和哈佛的宏架构。虽然在理论上，哈佛架构可以让 CPU 同时从两个独立的存储体中检索数据和指令，从而加快处理速度，但在实践中，总线复杂性的增加和其他因素限制了它的性能。冯·诺伊曼架构把数据和指令交换限制在 CPU 和一个存储体之间，减少了设计复杂性并降低了成本，自1945 年诞生以来，它一直是实践中最常用的架构。

在本章的后半部分，我们分析了 CISC 和 RISC 的差异。CISC 最早出现在 20 世纪 70 年代中期，比 RISC 的广泛采用早了近 15 年（RISC 发明于 1980 年，但直到 20 世纪 90 年代初才广泛使用）。虽然每一种都有其优点和缺点，但由于流水线的优势，通常认为 RISC 是一种改进。从广泛的宏架构类别开始，我们探讨了各种 ISA 以及如何选择它们。最后，我们提出了当今硅设计团队需要考虑的一个关键因素——异质集成还是单片集成？每种方案都有其优点和缺点。虽然像 SoC 这样的单片 IC 需要的功率和占用的面积比较小，但最初的设计需要几个月甚至几年的时间，可能会令人望而却步。另一方面，异质集成使我们能够获得一些 PPAC 的优势，同时保留设计灵活性和更快的上市时间。

8.9　半导体知识小测验

这里的 5 个问题都和本章有关，可以确保你理解了学到的知识。

1. 宏架构和微架构的关键区别是什么？ISA 的作用在哪里？

2. 与冯·诺伊曼架构相比，哈佛架构在理论上有哪些优势？为什么在现实世界里没有发挥出来？

3. 说出 CISC 和 RISC 的四个主要区别。

4. 在最多的设计和市场约束下，哪种 ISA 战略最有利？它的缺点是什么？

5. 为什么单片集成和异质集成的成本优势不是很直接？这些因素与性能有什么关系？

第9章 半导体行业——过去、现在和未来

我们用了 8 章剖析从晶体管结构到系统架构的一切，应该对半导体技术非常熟悉了。现在的问题是，所有这些技术怎么样在大环境中发挥作用呢？自 20 世纪 60 年代开始，半导体行业一直面临着两大挑战——设计成本上升和制造成本增加。这两个挑战推动了该领域从完全集成的设计公司变化到我们今天看到的多方位的无厂化设计模式。在下面的章节中，我们概述设计成本和制造费用的驱动因素，然后讨论过去 50 年来半导体生态系统的转变。

9.1 设计成本

设计先进的集成电路是一项日益复杂和昂贵的工作。每个芯片都必须经过架构和 IP 验证、设计验证、物理设计、软件授权（EDA）、原型设计和验证，才能送到工厂进行生产（McKinsey & Company, 2020）。

在半导体行业的新生阶段，设计成本高主要是由于缺乏普遍接受的标准和工具。大多数公司在内部开发他们的软件工具，增加了人才培训成本，而且难以与其他公司设计的组件整合。为了应对这些挑战，**电子设计自动化（EDA）公司**开始开发工具，以实现设计过程的自动化，并推动了通用**硬件描述语言（HDL）**的采用，如 **VHDL** 和 **Verilog**，有助于"调节"设计流程，能够更好地针对额外的投资，而且设计公司能够以汇总的、更易于管理的抽象水平（如 C++而不是**汇编语言**）构建更大的系统（Nenni & McLellan, 2014）。设计公司和 EDA 工具公司的分离提高了效率，降低了设计成本，并重新组织公司以更好地配合他们在软件和硬件方面的核心能力。一家先进的模拟半导体公司可以集中所有的研发支出，使用授权的、现成的 EDA 工具来开发模拟设计的专业技术，而不是在内部开发定制工具。今天的 EDA 行业由 Cadence、Synopsys 和 Mentor Graphics 这样的大公司主导，它们拥有广泛的工具组合，覆盖了全部的设计流程。EDA 和设计软件占了接近 50%的设计支出，并继续成为不断增长的设计成本的重要驱动因素（Venture Outsource, n. d.）。为了正确看待 EDA 日益增长的影响力，我们只需要看看 EDA 公司本身的规模。例如，EDA 巨头 Synopsys 并不生产任何实际的硅，但是市值超过 500 亿美元，大约相当于福特汽车公司的规模（Yahoo! Finance, 2021）。

在 20 世纪 80 年代，大多数集成电路在尺寸和复杂性上都一般。为了创造一个

功能齐全的产品，**系统公司会购买不同类型的芯片**，并通过将它们焊接到**印制电路板**或其他连接设备上，把它们集成到设备中。随着半导体技术越来越先进，系统公司寻求更高的集成度，对**片上系统（SoC）**的需求急剧上升。SoC 使公司能够将所有传统上独立的功能部件（存储器、处理器等）装入一个芯片。随着对紧密集成的需求增加，每个系统组件的复杂性也在增加，设计变得更加困难和昂贵。为了缓解复杂性并降低成本，**半导体 IP 公司**开始蓬勃发展。IP 公司做了两件事来降低设计的复杂性：①他们提供普通模块的基础设计，可作为特定应用电路的基础；②他们提供**单元库**，可供电路设计者生成更复杂的设计。作为对预付许可费、每个产品的特许权使用费或单元库使用费的回报，设计公司可以迅速获得新设计的通用部分，并将精力集中在他们芯片与众不同的部分。今天，成功的半导体 IP 公司分为三类：①**微处理器**，如 ARM 控股公司提供的微处理器；②**通信架构**，如 Arteris 公司提供的通信架构，使 SoC 的不同部分能够相互对话；③**模拟 IP**，在每个相继的工艺节点上，模拟 IP 的设计变得越来越难。在控制设计成本方面，这三个领域的 IP 公司继续发挥着重要作用。如果你是一家模拟公司，这些 IP 供应商可以提供你需要的所有数字功能（如微处理器和存储器）；如果你是一家数字公司，他们可以提供模拟功能（如振荡器和电源参考电路）。

随着**光刻技术**和**制造设备供应商**使越来越小的晶体管成为可能，半导体研发和设计逐渐变得更加困难——由于**量子隧穿**和**电流泄漏**等现象而变得复杂（McKinsey & Company，2020）。根据咨询公司 IBS（国际商业战略）的研究，设计最先进的 3 nm SoC 的成本已经在 5 亿至 15 亿美元之间（Lapedus，2019）。记住，这只是设计一个先进的 SoC 的成本，还不包括在 3 nm 节点制造它的成本。使用不那么先进的工艺节点设计集成电路，可以降低成本，但即使是过时的技术，也要花费大量的资金——估计 7 nm 和 10 nm 芯片的设计支出分别为 3 亿和 1.75 亿美元（McKinsey & Company，2020）。预计在未来 10 年，硅设计将变得越来越复杂，向芯片供应商的继续前进提出了独特的挑战（McKinsey & Company，2020）。

9.2 制造成本

尽管设计成本对盈利能力构成了重大挑战，但在价值链的更下游，制造成本的急剧增加产生了更大的影响。每一代工艺技术节点都需要越来越复杂、越来越昂贵的制造设备，如切割机、抛光研磨机、掩膜和步进器等（Varas et al.，2021）。一粒尘埃就可以毁掉整个芯片，所以**代工厂**的空气必须非常纯净，这需要昂贵的专业设备。总的来说，今天，一个可使用 5 年的先进半导体工厂的成本在 70 亿到 200 亿美元之间，这还不包括化学品和材料的可变成本（Platzer，Sargent，& Sutter，2020）。前端制造技术，如**光刻设备**，历来占制造成本的大部分，尽管后端制造得到的关注更多，因为该行业将重点转移到**先进的封装架构**和**异质集成**以提高性能。

我们可以从图 9-1 中看到研发和工厂建设成本的飙升。这些数据来自 IBS 和麦肯锡。

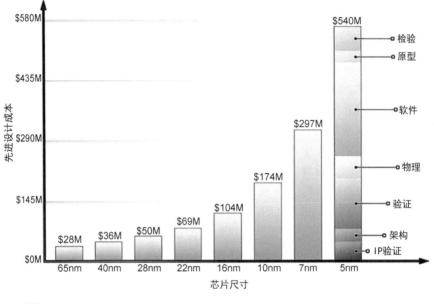

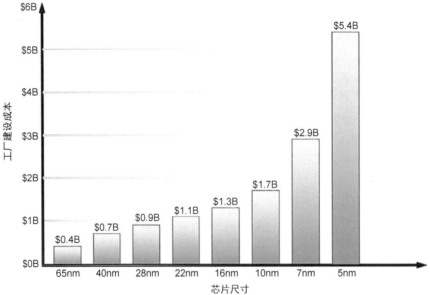

图 9-1　设计和制造成本（McKinsey & Company, 2020）（IBS, n. d. ）

供应方的设计和制造成本，以及需求方对更多种类的定制设计的压力，一起将这个行业从 20 世纪 60 年代、70 年代和 80 年代的完全集成的半导体公司转变为我们今天看到的无厂化设计公司、专业 IP 和 EDA 工具公司、系统设计公司、集成设备制造商（IDM）和纯代工厂的组合（见图 9-2）。这是大卫·李嘉图的比较优势理论的一个很好的现实例子——每个人都专注于他最擅长提供的东西，市场就能发挥最佳功能。

 完全集成的半导体公司

利用自己的工厂设计、制造、销售半导体元件和集成电路。仙童半导体是最早起步的半导体公司之一，是全集成半导体公司的一个例子。

 集成器件制造商（IDM）

设计和制造他们的一些IC，同时将一些生产外包给纯代工厂。英特尔和三星是IDM的例子。

 无厂化设计公司

设计集成电路，但将所有的制造工作外包给纯代工厂或IDM。高通和AMD是无厂化设计公司的例子。

 纯代工厂

制造定制电路设计的合同制造商，但本身不设计IC。台积电和格罗方德是纯代工厂的例子。

 半导体IP公司

设计和许可系统架构、EDA工具和可重复使用的设计模块。ARM公司是创建和许可ISA的半导体IP公司的一个例子，而Synopsys是提供EDA工具的半导体IP公司的一个例子。

 系统设计公司

创造和销售自己的终端产品，但把一些半导体设计活动放在内部进行。苹果和特斯拉是系统设计公司的例子，它们建立了自己的半导体设计部门，为其产品建造定制的处理器。

图 9-2　半导体商业模式

9.3　半导体行业的演变

9.3.1　20 世纪 60 年代至 80 年代：完全集成的半导体公司

从 20 世纪 60 年代，仙童半导体公司将集成电路引入商业领域，一直到 80 年代，半导体行业主要由**全集成半导体公司**组成。这些早期的公司预测对产品的需求，然后设计、制造和包装产品，再向潜在客户销售。每家公司都向自己的**工厂**投入大量资源，以制造其销售的芯片。高额的固定成本使公司容易受到需求波动的影响——如果他们的产品销售稍有下滑，工厂的利用率就会大幅下降，收入减少、成本变高，削减了利润率（Nenni & McLellan，2014）。

9.3.2　20世纪80年代至21世纪初：IDM+无厂化设计+纯代工厂

在20世纪80年代和90年代，半导体价值链的不同部分开始分裂。建设和拥有工厂的成本越来越高，每个相继的技术节点都需要更多的前期资本投资。一旦建成，公司就会被迫最大限度地提高他们的产出和贡献毛利率，即使不能覆盖其固定成本。因此，即使像英特尔这样设计、制造和销售自己的集成电路的**集成设备制造商（IDM）**，也开始出租他们的部分**产能**（Nenni & McLellan, 2014）。在过去几年里，像德州仪器和AMD这样的前IDM公司已经转为无厂化了。处理器公司把他们的旧工厂设施"顺势"卖给模拟公司，后者可以利用这些旧技术很多年。

在20世纪80年代中期，像赛灵思（Xilinx，成立于1984年）和高通（Qualcomm，成立于1985年）这样的公司开始采用一种商业模式利用这种过剩产能（Nenni & McLellan, 2014）。通过只设计芯片并与IDM签订合同以利用额外的制造能力，它们能够摆脱对自己的工厂的高额前期资本投资，并在本质上将这些固定成本转化为内置于每个晶圆价格的可变支出。这种无厂模式不仅减少了新进入者所需的资本，还使可变的供应经济与可变的需求更好地匹配。

1987年，在赛灵思和高通公司成立后不久，第一家**纯代工厂**台积电开业（Nenni & McLellan, 2014）。台积电有一个全新的商业模式——它完全专注于制造其他公司的设计。因为专注于制造技术，代工厂能够专注于核心竞争力，利用更稳定的需求和可持续的数量（因为他们从多个客户那里获得订单，而不仅仅是自己的设计），并在劳动力成本较低的市场（如中国台湾和东南亚）进行战略定位。从地域上看，这种平衡一直在持续，美国在**无厂化设计**方面占主导地位，而东南亚在**制造和组装**等相关活动方面占主导地位。赛灵思和其他无厂化设计公司迅速从IDM转向成本较低的国内和海外代工厂，这种模式至今一直主导着市场。即使剩下的自己拥有晶圆厂的几家IDM，如三星和英特尔，在更先进的技术节点上仍然依赖纯代工厂，通常用自己的制造能力生产要求不高的旧工艺节点的设备。

在20世纪80年代末和90年代，在无厂化设计模式占据主导地位的同时，设计方面的价值链上也发生了重要转变。随着**EDA工具**使建立**前端设计**变得更加容易，那些历来依赖无厂化设计公司和IDM的开箱即用产品或定制芯片的系统公司，开始建造自己的芯片，以更好地满足他们的具体需求。工具赋予了他们前端和后端能力，理论上可以让他们绕过芯片设计公司，直接与代工厂合作，但他们仍然缺乏进行物理设计和下游价值链活动所需的复杂的后端专业知识。像VLSI Technologies和LSI Logic这样的新公司，以及像高通公司这样的老牌公司，用创新性的以ASIC为中心的商业模式来满足这种需求（Nenni & McLellan, 2014）。像LSI这样的纯ASIC公司处理由系统公司开发的前端设计，然后与制造和装配供应商协调，实现自己的产品设计。像赛灵思和高通这样的设计服务公司，从类似的模式中获得了大量的收入，尽管它们也开始专注于特定的市场，开发独特的专业技术，并发展自己的产品组合（Nenni & McLellan，2014）。例如，赛灵思（现在由 AMD 拥有）控制了 50% 以上的 FPGA 市场，这些可编程的芯片在生产后可以重新用于不同的用途，而高通公司是无线连接和基础设施产品定制芯片的世界领先者。

9.3.3　2000 年至今：无厂化设计公司+代工厂+少量的 IDM+系统公司的内部设计

今天，半导体行业由无厂化设计公司和纯代工厂推动，此外还有少数剩余的 IDM，由 EDA 工具开发商、设备制造商和 IP 供应商组成的生态系统支持。系统公司发挥着越来越大的作用，因为它们继续蚕食过去的传统无厂化半导体业务。这些大型集成技术公司现在正在做自己的芯片开发。系统公司自己设计芯片的例子不胜枚举，而且还在不断扩大——大约 10 年前，苹果公司成立了自己的硅工程部门，使用其芯片为苹果手机和笔记本（iPhone 和 Mac）产品线提供动力；Facebook 建立了自己的芯片部门，开发能够为其 Oculus VR 头盔提供动力的集成电路；特斯拉开发的半导体技术能够为其驾驶辅助和自动驾驶平台提供动力。从 IDM 到系统设计公司，图 9-3 说明了半导体行业在过去几十年中的变化，每种商业模式的关键能力都用绿色标出。

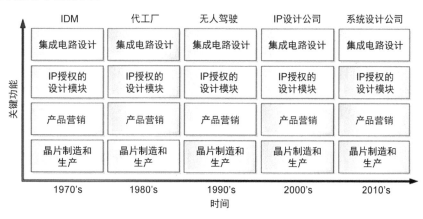

图 9-3　半导体商业模式的历史演变

这些公司开发自己的芯片，可能主要是出于成本考虑，但也有保护其知识产权的动机。例如，如果苹果公司正在与一家芯片供应商合作，为其最新、最先进的苹果手机开发芯片，他们可能不得不透露系统的太多细节，以便让芯片公司提供理想的解决方案。而在公司内部进行这些讨论，可以使这些关键的讨论不至于离开公司园区。

半导体行业的变化速度太快了，一个在 2020 年代进入退休年龄的工程师已经经历了所有这四个时代。她可能是在像仙童这样的全集成半导体公司开始自己的职业生涯，在那里设计芯片，穿过大楼就是工厂，然后看到它被测试并运至同一大楼后面的装货码头。事实上，她可能亲自做了一些测试。现在，她可能在苹果公司工作，为某个巨大的芯片设计单一的模块，该芯片被生产、测试并运往海外。她可能永远不会真正看到最终的芯片。对于从未转过行的人来说，这是相当大的变化。

9.4 代工厂与无厂化设计——反对 IDM 的理由

今天有三种主要的半导体商业模式——无厂化设计公司、纯代工厂和集成器件制造商（IDM）。随着制造和工厂建设成本的持续增长，IDM 不得不重新思考他们的业务方式。拥有一个工厂可以提供许多优势，包括更强的工艺控制、更快的上市时间和更紧密的集成设计。然而，这些好处已经越来越多地被成本抵消了。

与 IDM 相比，纯代工厂最大的优势之一是他们有能力把多个客户的**需求集中**起来并**充分利用产能**。这使收入在一段时间内变得平稳，并防止固定资产利用不足。随着制造设备和工厂建设成本的不断上升，产能充分利用的代价就越来越高——这与制造成本直接挂钩，导致单位成本上升。

英特尔可能会说，拥有一个晶圆厂使他们的公司对制造过程有**更大的控制**，并使他们比无厂化公司在**上市时间**上有优势，无厂化公司的产品可能不得不在其他代工客户后面排队等候。虽然对那些拥有小批量或低利润订单的小公司来说，他们的订单在代工厂的生产计划中可能会被优先考虑，但 IDM 工厂的任何技术延误都会对实现交付目标造成重大障碍。英特尔的 7 nm 芯片当时被推迟到 2022 年，该公司可能不得不与代工厂签订合同来生产其部分产品（Fox, 2020）。在 21 世纪 20 年代，经营 IDM 确实是一种不成功便成仁的努力。如果你达到了所有的进度目标，并发布了优于竞争对手的制造工艺，你就拥有巨大的优势。如果你错过了这些目标，你已经为失败的工艺开发投入了几十亿美元，并可能被迫在竞争对手使用的相同代工厂中生产你的产品。而且，你的内部开发一旦落后，就可能永远赶不上了。

专有的**制造 IP** 和**数据采集**是 IDM 可能用来证明晶圆厂值得拥有的另一个常见原因。虽然这在历史上可能是一种优势，但代工厂拥有独特的技术优势，这是 IDM 难以比拟的。因为他们制造更多种类的元件和 IC，代工厂可以用更快的速度迭代工艺技术，建立重要的能力，然后将其提供给无厂化设计公司和其他关键客户。还记得我们刚才说的比较优势吗？

设计和制造之间**更紧密的整合**是实质性的优势，可以显著地降低成本和改善性能。尽管拥有晶圆厂的 IDM 在这方面可能有物质上的优势，但软件工具、设计套件和远程工作网络技术已经使晶圆厂和客户之间的整合更加有效。像高通和博通这样的无厂化设计公司现在可以无缝地设计新的芯片，并将制造成本和生产优化考虑在内。即使是小型初创企业，也可以通过利用所谓的**穿梭运行（Shuttle**

Run），获得领先的集成和制造技术，在这种情况下，代工厂将多个客户的设计合并到一个掩膜组上，只制造几个晶圆。你可能只得到几百个自己的芯片，但这足以建立演示板，开始商演并展示你的技术。而且，你可能只需支付 50 万美元的工厂开支，而不是 500 万美元，因为这笔费用是由许多客户分摊的。是的，这仍然是一大笔钱，但这是许多风险投资基金愿意在一项新技术上冒险的数字。然后，你的公司在实际的芯片上有了概念的证明，所以你可以去筹划更大的一轮融资。

我们可以在图 9-4 中看到晶圆厂所有权的利弊总结。

对比项	优点	缺点
制造业	对制造过程的控制+数据采集	能力过剩和利用不足
上市时间	优先晶圆运行=更短的上市时间	没有需求集合
组织的复杂性	一套广泛的核心能力（设计+制造）	对每种能力的关注不足（设计或制造）
间接费用和成本	不用给代工厂付保证金	更多的固定成本
技术与整合	更紧密的设计制造整合	限制进入最先进技术节点的纯代工厂

图 9-4　拥有一个晶圆厂——优点和缺点

为了更好地说明晶圆厂所有权的缺点，我们可以比较年收入和资本支出，如财产、厂房和设备（PPE），以及 IDM 相对于无厂化设计公司的市场价值指标。从图 9-5 可以看到这种比较，数据来自乔治·卡尔霍恩在《福布斯》上发表的文章"英特尔、英伟达和其他，以及美国半导体的霸权"（Calhoun，2020）。这些数据告诉我们，哪种商业模式从其资产中创造了更多的价值（即投资回报）。我们可以看到，像英特尔和三星这样的集成设备制造商（IDM）在销售方面领先于行业（Calhoun，2020）。然而，当我们比较他们的收入和资本需求时发现（以 PPE 衡量），收入与 PPE 的资产比率严重偏向于无厂化设计公司（Calhoun，2020）。由于前面讨论的所有原因，设计公司能够在每美元的资本中产生更多的收入，这可能解释了为什么像英伟达这样的无厂化设计公司的市场价值比英特尔高 600 亿美元，尽管其销售额只是英特尔的一小部分（Calhoun，2020）。

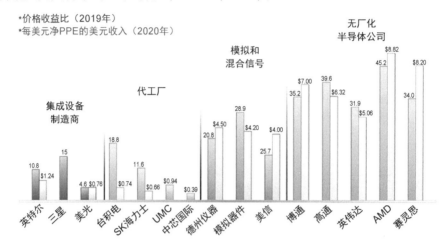

图 9-5　每美元 PPE 的收入和价格收益比——集成设备制造商、代工厂、AMS 公司和无厂化设计公司（Calhoun，2020）

鉴于这些缺点，剩下的几家 IDM——英特尔和三星——已经或正在转向 **Fab-Lite 模式**，即自己生产一些芯片，同时将很大一部分需求外包给代工厂（Patil，2021）。这里需要记住的未知因素是，近年来全球半导体短缺以及中美贸易摩擦。像英特尔和格罗方德这样仅存的几家美国 IDM 公司，准备从国会通过的 500 亿美元的政府激励措施中大大受益，以加强该行业并支撑国内供应链。然而，这种新的支持能不能抵消 IDM 今天面临的基本市场劣势，还有待观察。

几十年前，AMD 的创始人和当时的首席执行官杰里·桑德斯（Jerry Sanders）有一句名言："真正的男人有工厂。"几年后，在 2009 年，AMD 将其晶圆厂分拆成现在的格罗方德（Pimentel，2009）。教训是："放弃晶圆厂，赶快联系你的代工厂。"

9.5　行业前景

在众多重叠的变量和市场力量的塑造下，半导体行业在不断变化。接下来我们将重点介绍影响该行业的历史、目前的健康状况和未来增长前景的 5 个关键趋势。

9.5.1　周期性收入和高度的波动性

半导体销售主要由电子工业驱动，具有高度的周期性和波动性，其特点是繁荣和萧条的周期可能持续多年（见图 9-6）。最近，市场在 2019 年收缩了 10% 以上，主要是由于存储器价格的下降，但在 2020 年反弹，增长接近 7%（SIA Fact-book，2021）。半导体存储器像日用消费品一样，对价格高度敏感，比非存储器半导体的波动性大得多（SIA Databook，2021）。

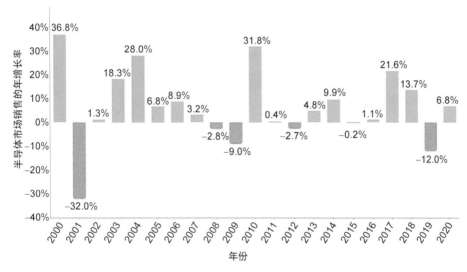

图 9-6　2000-2020 年半导体市场销售年增长率（SIA WSTS，2021 年）

为了管理**硅周期**和每年的波动性，半导体公司必须能够控制成本，同时不牺牲对研发的关键投资。对于总部设在美国的半导体公司来说，制造是最大的支出，平均占总成本的近三分之一，接下来是研发、折旧和摊销，以及销售和管理费用（SG&A）（SIA Databook，2021）。无厂化设计公司和 IDM 的成本可能有很大的不同，IDM 由于拥有晶圆厂而拥有更多的资本设备支出。如果你的资产负债表上有来自生产设施的大量固定成本，那么要经受住行业衰退的考验就是真正的挑战。你不得不为所有这些设备支付费用，即使工厂只以 50% 的产能运行。由于制造和资本设备成本的增长，在过去 20 年里，生产支出在总成本中的比例已经大大增加。

9.5.2　高研发和资本投资

技术进步的快速发展，促使半导体公司在核心研发上投入明显的高额资本。自 1999 年以来，美国公司将年收入的 15%～20% 投入研发，是除制药和生物技术以外的美国高科技行业中最高的（见图 9-7 和图 9-8）。此外，美国公司每年将销售额的 8%～20% 投入到新的财产、厂房和设备中，是除替代能源以外的所有行业中最高的（SIA Databook，2021）。由于企业保护其长期的竞争优势，资本和研发的投资一直相对不受销售波动的影响。根据美国半导体公司向 USSEC 提交的 10K 和 10Q 文件以及 SIA 估计的数据，从 2000 年到 2020 年，半导体研发和资本支出逐年增长 5.6%，仅在 2020 年，美国公司的支出就高达 742 亿美元（SIA Factbook，2021 年）。

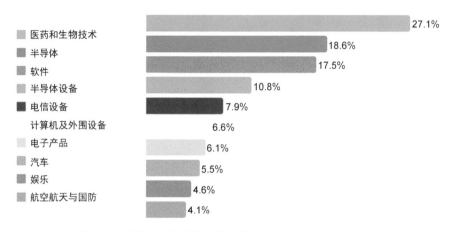

图 9-7　研发支出占销售额的百分比（SIA Factbook，2021）

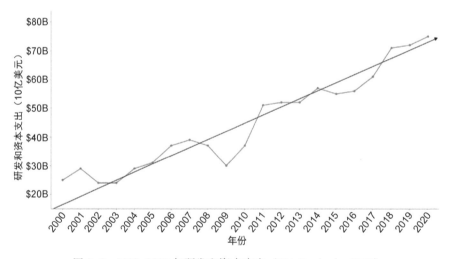

图 9-8　2000-2020 年研发和资本支出（SIA Factbook，2021）

9.5.3　高回报和积极的生产力增长

在过去几十年里，一系列因素导致该行业的工资和生产力超过了其他行业。例如，平均年工资已从 2001 年的约 8 万美元增长到 2019 年的 16 万美元以上，是所有制造业工作平均工资的两倍多（SIA Databook，2020）（见图 9-9）。

此外，每个员工的收入也是强有力的生产力指标，它在过去 20 年里翻了一番，在 2020 年达到接近 571000 美元（SIA Databook，2020）。与大多数行业不同的是，

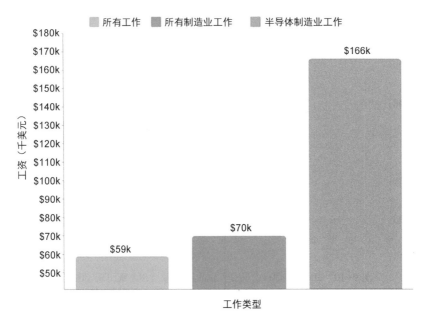

图 9-9　平均工资——半导体制造业工作、所有制造业工作和所有工作
（SIA Databook，2020）

其平均销售价格的增长速度等于或高于通货膨胀率，单位成本的下降速度足以让公司在不过度提价的情况下保持盈利能力。在重要原材料或制造成本价格下降的大环境下，只有通过提高生产效率，才能实现稳定的盈利。

9.5.4　长期盈利能力

正如我们在图 9-10 中看到的那样，半导体行业的收入以剧烈波动而闻名，但对人员和技术的广泛投资还是为整个行业带来了强劲的总回报。盈利集中在最大的竞争者身上，他们有足够的规模抵御经济衰退，并利用个人电脑和智能手机等颠覆性技术，自 1999 年以来，销售平均获得约 20% 的税前利润，毛利率达到 37% ~ 57%（SIA Databook，2020）。

未来 5 年的预期增长看起来很有希望，目前的预测估计，市场总值到 2026 年大约为 7750 亿美元，年化增长率略低于 8%（Lucintel，2021）。主要的增长动力包括：

1）由于家庭可支配收入增加，城市化进程加快，人口快速增长，对消费电子产品的**需求增加**（Fortune Business Insights，2021）；

2）**快速扩张的新兴经济体**对集成电路的需求不断增长（Fortune Business Insights，2021）；

3）**技术驱动力**，包括物联网（IoT）、5G 通信，以及人工智能和机器学习（AI/ML）（Columbus，2020）。

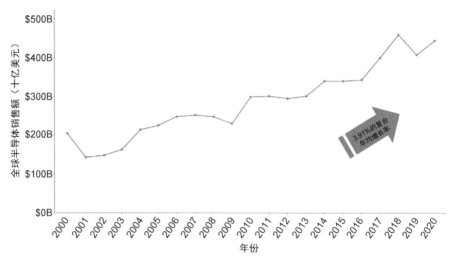

图 9-10　2000-2020 年全球半导体销售额（SIA WSTS, 2021）

如果要证明半导体行业的光明未来就在前方，那就看看 COVID-19 的大流行（新冠疫情）吧。在疫情开始时，分析师预测销售额将缩减 5%~15%，但 2020 年的销售额实际上从 2019 年的 4130 亿美元增加到约 4400 亿美元，增长率为 5.1%（Bauer et al., 2020 年）（SIA Factbook, 2021）。由于消费者被困在家里，不花钱买汽油、度假或新的办公室衣柜，他们把钱用于新的在家工作的电脑和游戏系统上。汽车、工业和部分消费市场的需求减少又被服务器需求、个人计算机以及人工智能和 5G 等长期增长领域抵消了，帮助该行业超越预期并保持健康的增长轨迹（eeNews, 2021）。英伟达是图像、人工智能和加密货币的处理器的领先者之一，在 2021 年的每个季度都创造了新的季度收入纪录，在 2021 年 8 月报告的季度收入达到了 65 亿美元的高峰（Tyson, 2021）。

尽管在过去的几十年里，新技术和个人计算机、服务器和手机的爆炸性增长对整个行业来说是福音，但高度整合对许多公司产生了不利影响。

9.5.5　高度整合

随着 SoC 设计变得越来越复杂，晶体管被推向其物理极限，设计和制造成本从来没有像现在这么高。该行业的盈利能力一直依赖于研发突破带来的持续的成本削减。作为一个整体，这已经取得了成功，成本从 2001 年的每片 0.98 美元缩减到 2019 年的约每片 0.63 美元（SIA Databook, 2020）。除了降低每颗芯片单位成本的压力外，公司还面临着从每台设备中获得更多收益的巨大压力——这对消费者来说是福音，因为他们可以用更低的成本获得更大的计算能力。这种降低成本和提高性能的双重压力，推动了竞争对手之间的激烈竞争，并导致了我们今天看到的综合巨头。

这种模式并不是半导体独有的——资本密集型行业往往有利于规模，因为膨胀的固定成本可以在更高的年收入中分摊或分期偿还。毫不奇怪，小公司的销售成本（COGS）占收入的百分比明显较高，因为它们缺乏与大公司竞争的开销和规模经济。这个趋势在很大程度上与推动更大的整合一致，自 2015 年以来，平均每年的交易额延伸到 688 亿美元（IC Insights, 2021）。仅在 2020 年，就有三起大型收购案跻身行业前五大半导体收购案——英伟达以 400 亿美元收购 ARM 控股公司，AMD 以 350 亿美元收购赛灵思，以及模拟器件公司（Analog Device）以 210 亿美元吞下美信公司（Maxim）（IC Insights, 2021）。

由于设计支出的激增和晶圆厂成本接近 200 亿美元，只有拥有足够实力和资本的公司才能将固定成本分摊到水平足够高的年收入和单位数量上。结果形成了赢家通吃的态势，前五家公司（三星、英特尔、台积电、高通和苹果）的年利润总额为 355 亿美元，而行业其他公司的年利润为 287 亿美元（McKinsey & Company, 2020）（见图 9-11）。这样的动态促使企业要么做大，要么破产，导致了过去几年的快速整合期。根据麦肯锡 2018 年的一份报告，2001 年有 29 家公司提供先进的晶圆厂服务，而现在只有 5 家，其中只包括两家主要的代工厂、几家 EDA 公司和一家光刻机供应商（ASML）。

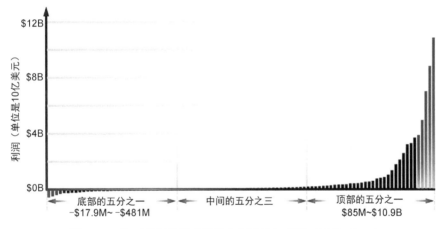

图 9-11　按五份划分的半导体公司平均年利润（S&P, 2019）

（McKinsey & Company, 2020）

近年来，整合的趋势越来越快——最有价值的 51 家半导体公司的收购案有一半以上是在 2015 年以后发生的（Design and Reuse, 2021）。继续整合似乎是可能的，但是，考虑到美国主要的半导体公司很少有保持独立的情况，目前还不清楚会持续多久。

图 9-12 清楚地反映了这种势头，它描述了过去 10 年的半导体并购活动。在这个资本密集型的行业中，前 10 家半导体公司拥有 55% 的市场，小公司为了生存

而挣扎，不得不通过发展来保持竞争力（Hertz，2021）。

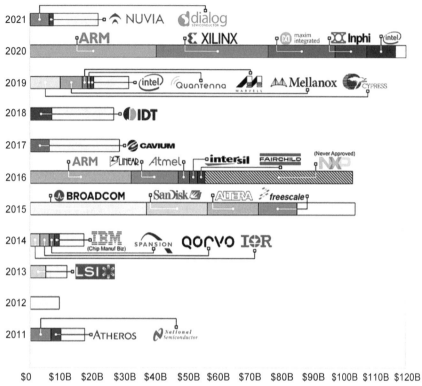

图 9-12　2011-2021 年半导体并购协议的价值（全部资料来源见附录 B）

为了了解这个图表的背景，有几件事需要注意：①这些是交易公告，所有的交易不一定都能落实。这可能有多种原因，包括被股东拒绝，管理层的抵制，以及得不到监管部门的批准，就像 2016 年高通公司以近 400 亿美元收购恩智浦（NXP）的失败。②2011-2020 年的基础累积估值数据来自《麦克林报告》（IC Insights 2021 McClean Report）（IC Insights，2021）。2021 年的基础累积估值数据约为 220 亿美元，但只包括前 8 个月的并购公告报告（Design & Reuse，2021）。③我们借用了《麦克林报告》中的基准假设，最主要的假设是覆盖范围包括"半导体公司、业务部门、产品线、芯片知识产权（IP）和晶圆厂的购买协议，但不包括 IC 公司对软件和系统级业务的收购……半导体资本设备供应商、材料生产商、芯片封装和测试公司以及设计自动化软件公司之间的交易"。

在充分披露的情况下，虽然我们试图模仿 IC Insight 对所有焦点交易的限制条件，但根据他们使用的限制条件，可能有一些交易不应该被包括在内，或者高估了个别交易的净值，因为这些交易的一部分或交易本身可能属于其中的一个限制类别。例如，在 2016 年，仅所有收购的总价值就超过了 IC Insights 估计的 1030 亿美元的并购活动——很可能每笔交易的一部分或其中一笔交易本身没有包括在 IC Insight 的净估计中。他们对最终被监管机构拒绝的恩智浦收购案的价值估计也有差异——IC Insights 估计这个交易的价值为 385 亿美元，而我们引用的是在宣布收购时的估值 470 亿美元。对于本图所要传达的整体信息来说，这些错误并不重要，但为了准确起见，必须注意，任何单个交易的价值相对于任何特定年份的净并购活动的比例可能过高。关于来源的全面清单，请参见附录 B 中图 9-12 的全注释版本。

　　前面 5 个小节涵盖了很多内容；图 9-13 给出了我们考察的 5 个主要行业动态的摘要。

图 9-13　主要半导体行业的动态

9.6　美国与国际半导体市场

　　自 1999 年以来，美国一直保持着大约 50% 的半导体市场份额，目前控制着大约 47%，2020 年的销售总额为 2080 亿美元（SIA Factbook，2021）。美国仍然是大多数设计公司和 IDM 的所在地，虽然有些设计公司在欧洲和亚洲正在扩大规模，但这些公司主要还是在美国进行设计工作。制造和装配公司主要位于亚太地区，尽管制造业可能更多地转移到印度和南亚。长期的市场主导地位可能与美国公司的高研发投资率有关，美国公司的研发支出占销售额的百分比高于其他任何国家或地区（见图 9-14）。

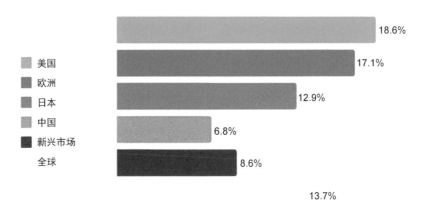

图 9-14 各国和地区研发支出占销售额的百分比（SIA Factbook, 2021）

从图 9-15 可以看到按地区细分的半导体价值链活动和消费的详细分析。这些数据来自 BSG 和 SIA《关于加强全球半导体供应链的报告》，显示了不同的国家和地区如何专注于供应链的不同部分。例如，在逻辑和 EDA 以及核心 IP 等需要密集研发的领域，美国处于领先地位，而亚洲则更注重劳动密集型和需要大量资本支出的领域，如材料、晶圆制造、装配、封装和测试（Varas et al., 2021）。

追踪按地区划分的制造智能手机所需的增值活动，我们可以进一步说明半导体供应链的广泛和相互依存的性质（见图 9-16）。为了设计和制造为手机提供动力的处理器，全球众多专门从事材料采购和刻蚀设备设计的公司必须进行协调和整合，以创造单个的成品（Varas et al., 2021）。图 9-16 是按照半导体价值链的每一步来组织的（回想第 1 章的图 1-11）。

我们的芯片供应链之旅开始于韩国的 IDM 公司三星，它向位于圣地亚哥的无厂化设计公司高通订购 500 万颗调制解调器芯片，用于其最新的智能手机系列。高通公司使用 ARM 控股公司（一家位于英国的半导体 IP 公司）授权的 ISA，以及总部位于硅谷的 EDA 工具公司楷登（Cadence Design Systems）的 EDA 工具，来设计新的调制解调器芯片。一旦高通公司完成了前端设计过程，它就将 GDS 文件发送给台积电进行制造，它是一家位于中国台湾的纯代工厂。然而，如果没有来自其他各个国家的关键投入，台积电无法独自完成制造过程。它的代工厂使用位于荷兰的半导体设备公司阿斯迈尔（ASML）的 EUV 光刻机，为其最先进的技术节点

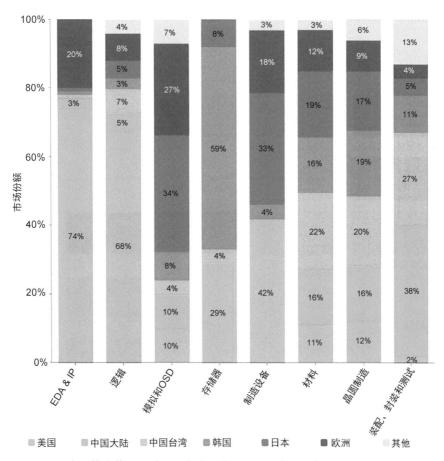

图 9-15 半导体价值链活动——各个国家和地区的市场份额 (Varas et al., 2021)

刻蚀电路图案。除了生产线上的设备以外，台积电还使用从美国采购的二氧化硅制成的晶圆，在日本加工成硅锭，并在韩国切割成晶圆。一旦台积电的晶圆制造过程完成，单个芯片就会被切割开来，放在马来西亚的一家外包的装配和测试（OSAT）公司的 IC 包装中。最后，成品芯片被送到中国大陆的一家系统集成公司，在那里装入智能手机，然后交付给世界各地的客户！

我们的简单例子需要来自多个不同地区的投入，才能完成从客户订单到产品交付的过程。真正的半导体供应链要密集得多，复杂的电子设备需要数以千计的部件、工具、设备，以及由几百家供应商和二级供应商的努力。

美国控制了大约 60% 的逻辑和模拟市场，尽管它在存储器和分立元件市场上落后，在每个市场上大约有 20%～25% 的市场份额。与流行的看法相反，美国仍然制造着世界上相当一部分的半导体，2020 年，它是美国的第三大出口物资，仅次于飞机和石油（SIA Factbook，2021）。美国仍然是制造业的领先者，但是相对于海外竞争对手的现代制造能力可能会萎缩，因为其制造能力的增长速度是海外公司

(1) 客户需求和市场需求

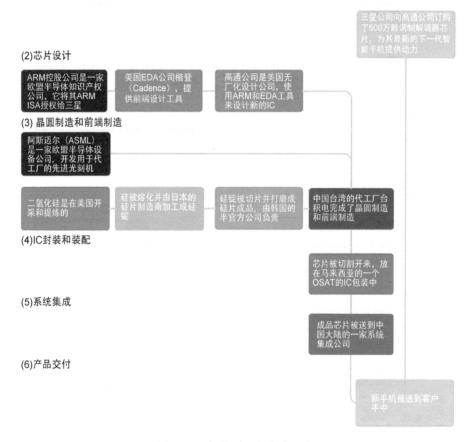

图 9-16　智能手机的全球之旅

的 1/5，尽管近年来的供应链问题可能会减缓这种下降。

　　从需求的角度来看，亚太地区是迄今为止最大的半导体消费市场，占全球需求的 60%以上（SIA Factbook，2021）。图 9-17 中按地区对半导体的销售和需求进行了细分。

　　虽然中国自 2005 年以来一直是最大的集成电路消费国，但在国内设计和生产的芯片只占总采购量的 15%（Nenni & McLellan，2014）。为了避免未来贸易紧张局势或过度依赖美国可能带来的后果，中国政府投入了大量的精力和资源，用来发展该国的国内半导体产业（Nenni & McLellan，2014）。2014 年，中国政府向政府支持的私募股权基金（比如清华紫光集团）注入了 200 亿美元，专注于半导体技术的发展（Nenni & McLellan，2014）。最近，在 2019 年，中国政府创建了一个类似的 290 亿美元的基金，目的是减少中国对外国供应商的依赖，发展集成电路设计和制造技术（Kubota，2019）。

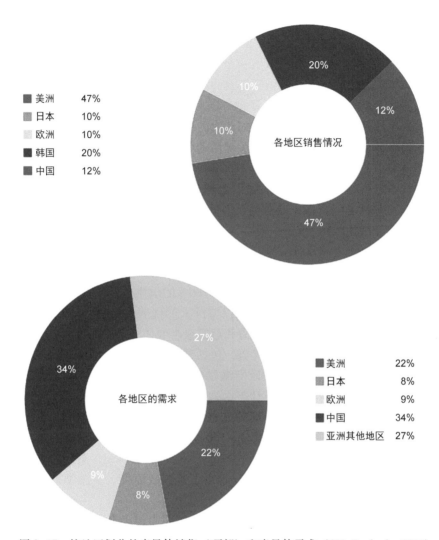

图 9-17　按地区划分的半导体销售（顶部）和半导体需求（SIA Factbook，2021）
注：数据略有误差，本书与原书数据一致

9.7　COVID-19 和全球半导体供应链

COVID-19（新冠病毒）的大流行引发了全球芯片的短缺，暴露了半导体供应链的许多漏洞。这种短缺产生了重大的经济后果，包括汽车、消费电子、医疗设备和网络设备行业减产，许多半导体的交货时间长达 1 年（Vakil & Linton，2021）。造成这种情况的因素有很多。在新冠疫情开始时，汽车制造商错误地预测汽车销量将长期严重下降，并削减了关键芯片的订单。代工厂非常乐意用大型家用显示器、学生用的 Chromebook 计算机和 Peloton 自行车的芯片来填补这些产能。当汽车需求回升时，生产线已经被重新调整为生产其他消费产品，导致汽车公司没有芯片为其汽车提供动力（Vakil & Linton，2021）。使问题更加复杂的是，两家生产先进传感 IC 和用于制造 PCB 的玻璃纤维的日本工厂发生火灾，进一步削减了供应（Vakil & Linton，2021）。尽管这些因素中的每一个——新冠疫情的全球大流行、不准确的预测和产能分配，以及两个关键的日本工厂发生火灾——似乎是一次性的、不可避免的小插曲，但它们能够造成如此大的破坏的原因却是结构性的。

目前半导体供应链的核心弱点是关键活动的**区域分层**和由此产生的**相互依赖**。重要价值链节点的区域集中的原因很简单——高设计复杂性和昂贵的制造成本需要规模和技术专长的结合，因而限制了全球供应链中每个参与者在国内的生产。这些动力激励着每个国家根据其独特的竞争优势进行专业化生产，并导致了我们今天看到的细分市场结构。

例如，美国在研发和设计方面的领先地位，主要归功于现有的人才库和从美国技术院校获得的源源不断的新工程师。在美国主要学校的电子工程和计算机科学毕业生中，约有 2/3 是国际学生，但由于 80% 的学生毕业后留在美国，在可预见的未来，美国可能会在工程人才方面保持巨大的优势（Varas et al.，2021）。美国还受益于庞大的风险资金池，有能力和意愿在半导体行业投入雄心勃勃的赌注。

在制造业方面，东亚拥有竞争优势，包括熟练的、可负担得起的制造业人才，强大的基础设施，以及更高水平的政府激励措施。尽管人才和基础设施对制造业都很重要，但政府激励措施的重要性怎么强调都不过分。根据 SIA 和 BCG 发表的一份报告，"激励措施可能占一个新的先进工厂 10 年总成本的 30%～40%，据估计，先进模拟代工厂的总成本为 100 亿～150 亿美元，逻辑或存储器的先进代工厂为 300 亿～400 亿美元"（Varas et al.，2021）。同一报告估计，美国的总成本比亚洲高 20%～50%，其中 40%～70% 的差异是由于美国政府提供的激励措施不如亚洲的竞争对手（Varas et al.，2021）。

我们可以在图 9-18 中看到这些动态变化，该图引用了 BCG 和 SIA 关于加强全球半导体供应链的报告中的数据。该图显示了美国工厂的总拥有成本（TCO）是如何明显高于亚洲的拥有成本的。虽然人们可能认为，建筑和劳动力成本较低，可能是亚洲在半导体价值链的制造部分具有优势的主要原因，但数据证实，事实上是政府的激励措施造成了差异，占据了 25%～50% 的总拥有成本优势的 40%～70%（Varas et al.，2021）。

虽然自由贸易和专业化使全球半导体生态系统蓬勃发展，在过去 50 年里以较低的成本向全球消费者提供强大的芯片，但它们的代价是脆弱的、不稳定的供应链。今天，在整个半导体供应链中存在着 50 多个节点，其中一个地区控制着全球 65% 以上的市场份额（SIA Whitepaper，2021）。这种集中化加剧了三个关键的风险因素——随机灾害、地理上集中的制造能力，以及地缘政治冲突。

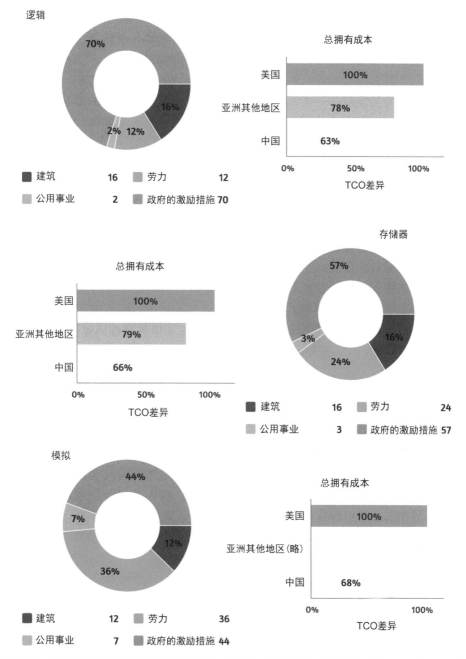

图 9-18 按地区和原因划分的总拥有成本（TCO）差异（SIA 和 BCG）（Varas et al.，2021）
注：数据略有误差，本书与原书数据一致

其中第一个——**自然灾害**——是无法避免的。任何数量的事故都可能发生，如 2020 年日本工厂的两场火灾。虽然这些事件的发生无法预测或完全避免，但是更加分散的供应链将减少单个事件可能造成重大破坏的风险。

第二个问题，**地理上的聚集群**，是自然灾害风险的一个特例，因为它与制造设施的物理位置有关。例如，10 nm 以下的先进半导体制造能力，目前只分布在两个地区——中国台湾（92%）和韩国（8%）（SIA Whitepaper, 2021）。如此集中的活动带来了独特的危险——在日本和中国台湾等地震活动频繁的地区，全球大面积的晶圆厂产能可能会被地震等自然灾害摧毁，使整个系统瘫痪，造成全球芯片短缺。火灾可能会破坏一个工厂，而地震可能会破坏许多工厂。

第三个风险因素，**地缘政治冲突**，主要与亚洲内部以及美国和中国之间的局势有关。在这个高度相互依存的市场中，主要参与者之间的紧张关系可能会切断与供应商、客户和投资者的联系——比如美国在 2019 年以国家安全为由制裁中国电信巨头华为、中兴和其他三家公司。

为了加强供应链并使其更有弹性，专家们认为每个国家都不需要完全自给自足。完全的区域自给自足将需要大量的前期投资，根据一些估计，高达 1.2 万亿美元，并使价格膨胀 35%~65%（Varas et al., 2021）。然而，有针对性地投资于美国的半导体制造能力，在效率和冗余之间取得更大的平衡，将大大有助于保护美国免受未来芯片短缺和经济衰退的影响，同时减少过度依赖其他国家重要部件（SIA Whitepaper, 2021）。

9.8　中国的竞争

虽然美国利用教育和工程人才方面的优势，在芯片设计和制造设备等活动中处于领先地位，但东亚控制了约 75% 的半导体制造能力（Varas et al., 2021）。除了集成电路在支持现代经济方面的重要作用外，半导体还为其他很多方面提供动力，从电信网络等关键基础设施到先进的网络安全和人工智能应用。巩固半导体供应链已成为美国最近的政治优先事项——在国会最近通过的 2500 亿美元的科学和技术法案中，有 520 亿美元被指定用于半导体制造（Whalen, 2021）。该法案得到了两党的支持，以便同中国竞争。

尽管美国仍然控制着许多非存储器半导体设计的关键市场，但是其半导体制造基地在过去 20 年中已经减弱。制造成本的上升导致大多数美国企业出售、分拆或放弃它们的代工厂，被台积电等海外竞争对手取代。今天，在美国制造半导体的主要公司只有 5 家——英特尔、三星、美光、德州仪器，以及 2009 年从 AMD 分拆出来的格罗方德（Platzer, Sargent, & Sutter, 2020）。少数较小的模拟公司保持着旧的、特定细分工艺的制造能力，但这 5 家公司是迄今为止最大的参与者（如果考虑到三星的总部在韩国，则是 4 家）。尽管美国的制造能力保持相对稳定，但在未来几年，针对先进技术节点的 27 个新工厂建设项目中，预计有一半以上将在中国建设（Platzer, Sargent, & Sutter, 2020）。我们可以在图 9-19 中看到这种动态，根据 BCG 和 SIA 关于政府激励措施和美国半导体制造业竞争力的报告，该图描述了美国和中国芯片制造业市场份额的预测轨迹（Varas et al.，2020）。

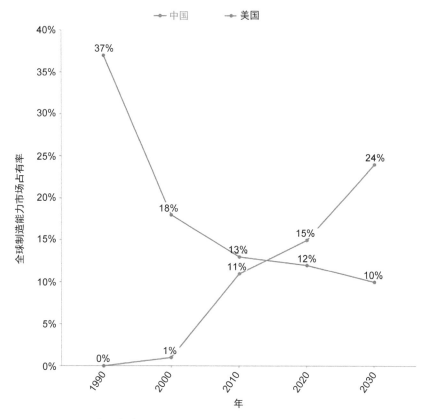

图 9-19　美国与中国——预测的芯片制造份额（Varas et al.，2020）

中国已将国内半导体产业的发展作为其五年计划（2020—2025 年）的关键部分，并在该领域进行了大量投资——根据 SIA（SIA Whitepaper，2021 年），2014—2030 年承诺的投资额或将超过 1500 亿美元。然而，资本注入只能到此为止。先进的半导体制造需要大量的相关工程人才和经验丰富的拥有技术诀窍的公司，还要能够使用先进的制造工具集。尽管政府在过去 20 年里提供了近 500 亿美元的激励措施，但中国公司目前只占全球半导体销售额的 7.6%，在先进的逻辑、尖端的存储器或更高端的模拟芯片方面还存在很大的差距（SIA Whitepaper，2021）。公平地说，中国政府实现半导体独立的决心和大量的资本投资，推动了 15%~20% 的年增长率，并使中国成为劳动密集型 OSAT 市场的领导者，但是距离先进技术节点，中国大陆可能还需要 10 年或更长时间（Allen，2021）。虽然中国在半导体领域的竞争话题近年来成为美国头条新闻，但先别急着制造恐慌情绪——在某些关键技术领域，中国仍然存在不小的差距。

最后，两国的制造业基础更加多样化和强大，可以减少任何一国对另一国的过度依赖，并提高全球制造能力，从而降低全球消费者的成本。

从智能手机到信息娱乐系统，世界对芯片有着永不满足的渴望。随着旧市场的成熟，各国为争夺市场主导权，不断有新技术来取代它们的位置。物联网（IoT）、智能手机和 5G 通信，以及人工智能（AI）和机器学习（ML）技术，将继续推动全球对使用较小规模先进工艺节点的高性能集成电路的需求。尽管设计和制造成本不断上升，限制了增长并挤压了利润率，但半导体行业面临着更大的生存威胁——晶体管尺寸的基本限制和摩尔定律的放缓。

9.9　本章小结

本章首先介绍了当今行业面临的两大挑战——设计和制造成本的上升。我们利用这个背景开始回忆之旅，反思从 20 世纪 60 年代完全集成的半导体公司到我们今天的无厂化设计-IDM-代工厂态势的转变。接下来，我们集中讨论了几个关键的趋势。由于研发和资本投资仅次于生物技术，半导体行业经受住了动荡的销售周期，并在实现高利润和大幅提高工人工资的同时，看到了持续的生产力增长。虽然不是没有起伏，但在过去 60 年里，该行业一直不断地增长和盈利。最后，我们了解到，美国仍然是芯片设计和制造的领导者，尽管近年来中国已经在快速增长。

随着资本需求的膨胀，公司被迫做大或破产，整合成少数几个顶级公司。这种趋势显然不利于 IDM 公司，因为它们无法集中需求，必须在制造和设计两方面分配资源和注意力。尽管领先的 IDM 公司英特尔和三星在收入方面是名义上领先，但在过去几年中，它们在资产回报率和价格收益比（P/E）等盈利指标方面一直落后。尽管它们在软硬件一体化方面拥有一些优势，但相对于只需要担心一个核心竞争力（晶圆制造和生产）的纯代工厂来说，它们面临着长期的劣势。然而，IDM 巨头的缓慢衰落并没有反映出整个行业的前景，它们有着强劲的增长预期和光明的未来。

9.10　半导体知识小测验

这里的 5 个问题都和本章有关，可以确保你理解了学到的知识。

1. 激增的设计和制造成本如何影响了半导体行业的发展？

2. 为 IDM 辩护：它们有哪些竞争优势是无厂化公司所不具备的？你认为这些优势是否可以持续？

3. 列出当前三个关键的行业趋势。你认为哪个最重要？

4. 整合的核心驱动力是什么？你能想到太大的弊端吗？（想想 IDM）

5. 描述一下全球价值链活动和消费在美国和亚洲的分布情况。哪个令人惊讶的因素导致了亚洲的大部分制造成本优势？

第 10 章　半导体和电子系统的未来

随着晶体管不断缩小，它们面对的物理限制变得不可避免。光刻"模板"只能刻蚀出如此小的图案，而分子的大小是有限的，不可能无限切割。然而，计算能力每 18~24 个月翻一番（正如摩尔的预言）的情况不一定很快结束。多年来，你可以与所有声称"摩尔定律终结"的预言家对赌并赢得很多钱。目前有许多有前途的研究领域，无论是现有的技术架构，还是全新的计算能力来源，都将在未来几年内继续推进半导体行业的技术进步。

10.1　延长摩尔定律——可持续发展的技术

在传统的硅工程中，新的重点已经从缩小元件尺寸转向提高设计效率和集成度，以及探索新材料和设计方法，以延长我们跟上摩尔预言的能力。这可以从该行业在研究和开发方面的持续投资中看出来，它在销售额中占的比例仅次于制药和生物技术。

2.5D 和 3D 芯片堆叠是很有前途的技术，已经用于存储器和某些处理应用，它使硬件设计者能够将多个芯片叠放在一起，通过称为**硅通孔（TSV）**的金属线连接。我们在图 5-2 和图 6-13 中看到了芯片堆叠的例子。通过向上堆叠而不是向外，芯片之间的**数据传输率**大大改善，成本降低，节省了电力，保留了空间，使更多的晶体管能够在给定的基片上安装。尽管很有希望，但 2.5/3D 系统大大增加了现有设计的复杂性。将独特的处理中心堆叠在一起，可以实现更紧密的集成并提高系统性能，但需要更复杂的数据流方案和系统架构。据研究和咨询公司 IBS（国际商业策略公司）称，设计一个 3 nm SoC 的成本已经在 5 亿至 15 亿美元之间（Lapedus，2019）。堆叠逻辑无疑将进一步增加设计成本，但是人工智能等高性能应用可能会继续推动对日益复杂的系统架构的需求。为了扩展这种设计技术，将需要新的开发工具，包括设计流程的所有方面。这给 EDA 公司带来了独特的挑战，它们更有能力在单个设计步骤中解决尖锐的问题。

全包围栅极（GAA）晶体管和**新通道材料**是晶体管技术发展中很有希望的下一步，并提供了延长几何缩减的最有效途径。从 20 世纪 60 年代开始，**平面晶体管**一直是主流的晶体管结构，直到大约 10 年前。在 20 nm 及以下的工艺节点，平面晶体管存在严重的**漏电**问题，即使在关闭时也会有电流泄漏，并耗费大量的整体系统功率。从 2011 年开始，这些平面器件已经被淘汰，而在大多数先进的集成电路中采用 FinFET（Lapedus，2021）。鳍式场效应晶体管（**FinFET**）不是在二维平面上控制从源极到漏极的电流，而是将栅极结构转移到三维通道上，从而减少了漏电问题，并在较低电压下实现了更大的控制（Lapedus，2021）。然而，在 FinFET 中，通道的底部仍然与底层的硅衬底相连，即使晶体管关闭，也会有一些电流泄漏出来（Ye et al.，2019）。如今随着工厂的工艺节点接近 3 nm 和 2 nm，漏电问题再次成为关键。通过四个方向的栅极控制，**纳米线和纳米片全包围栅极（GAA）晶体管**旨在解决这些问题。GAA 晶体管用垂直栅极结构完全包裹通道，实现了更强的控制并解决了许多 FinFET 漏电问题（Lapedus，2021）。新的 CMOS 技术在更小的节点上越来越昂贵，实现 GAA 晶体管所需的工艺技术也不例外。GAA 晶体管提出了独特的沉积和刻蚀挑战，很可能需要新的通道材料，如应变**硅锗（SiGe）**，以缓解**电子迁移率**问题（Angelov et al.，2019）。图 10-1 说明了平面晶体管、鳍式晶体管和 GAA 晶体管的结构差异。

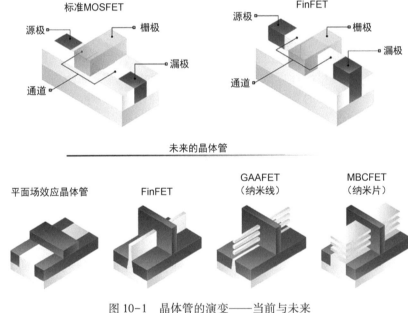

图 10-1　晶体管的演变——当前与未来

随着晶体管变得越来越小，越来越密集，散热成为限制性能的主要因素，迫使许多设备在最大速度以下运行以避免过热（Angelov et al.，2019）。传统上，硅一直被用作主要的通道材料，但**功率密度**（集成电路可以去除的热量）限制了较小的 GAA 晶体管的许多性能优势（Ye et al.，2019）。解决这些功率密度问题的一个方案是，使用电子迁移率更大的通道材料。在**应变工程**中，像应变**硅锗（SiGe）**这样的材料中的原子被彼此拉开，这使得电子更容易通过，同时减少电路释放的热量（Cross，2016）。其他有前途的替代通道材料包括**砷化镓（GaAs）**、**氮化镓（GaN）和其他Ⅲ－Ⅴ主族半导体**（Ye et al.，2019）。GAA 晶体管结构和 SiGe 等新通道材料结合在一起，既能实现晶体管的几何缩减，又能提高器件性能。各公司已经为该技术投资了几十亿美元，2022 年 6 月，作为先进半导体技术厂商之一的三星电子宣布，基于 3 nm 全环绕栅极（GAA）制程工艺节点的芯片已经开始初步生产。

　　定制硅和专用加速器可能不会提升整代电路的额定计算能力，但它们已被证明是一种成功的方法，可用于应用类别的**功能扩展**和特定产品的性能改进。这方面的一个很好的例子是 GPU 处理器的功能扩展，其功率一直在以指数级的速度增长。虽然 CPU 擅长按顺序完成一堆通用任务，但 GPU 特别擅长同时进行大量的重复性计算，从而特别适合用于人工智能和计算机视觉，因为这些领域需要快速处理此类计算。自 2012 年以来，英伟达的 GPU 执行关键人工智能计算的能力每年大约翻一番，到 2020 年 5 月已经增加了 317 倍（Mims，2020）。这个现象称为"**黄氏定律**"，以英伟达首席执行官黄仁勋的名字命名。在存储器和 GPU 等关键领域的功能改进，可以继续提高集成电路的性能，即使几何缩减的速度放缓。除了可广泛采用的子系统的功能扩展外，通过使用现有技术进行更紧密的集成，定制硅设计可以提高性能。苹果、谷歌、脸书和特斯拉等公司都在开发定制芯片，为 VR 头盔以及自动驾驶系统提供动力。尽管对那些依赖无厂化公司设计芯片的小公司来说成本高昂，但大型产品公司正越来越多地在内部建造定制芯片。这些公司负担得起建立内部工程小组的成本，而且通过从商品化转向完全定制，他们能够在性能方面保持竞争优势，与第三方供应商合作时，这也许是不可能的。内部设计团队也提供质量控制优势，还可以减少敏感信息的披露。

　　由**石墨烯碳纳米管**等新材料制成的结构以及其他**二维晶体管**，为扩展摩尔定律提供了另一种有希望的方式。当我们朝着晶体管只有几个原子宽的方向发展时，就会出现一种风险，即晶体管栅极（控制电流流动）的宽度不再能够阻止电子直接通过它们了。这是由于一种称为量子隧穿的现象，即电子可以在物理屏障的一侧消失，而在另一侧出现（Fisk，2020）。为了解决这个问题，科学家们一直在探索足够薄的材料，以使集成电路持续缩小而不受到这种**隧穿干扰**。有许多候选材料正在开发中，已经有两种材料得到了相当的关注。**石墨烯**是已知最强的材料，它的厚度只有 1 个原子，很适合抵抗量子隧穿（Kingatua，2020）。未来的晶体管可能是由**碳纳米管**制成的，碳纳米管是由卷起来的石墨烯片制成的互补结构，利用了石墨烯的独特性能（Bourzac，2019）。麻省理工学院、斯坦福大学、IBM 公司和其他研究人员已经利用石墨烯和碳纳米管建造了功能芯片（Shulaker et al.，2013）。虽然很有希望，但碳纳米管很难制造，在可能进入市场之前，还需要大量的额外研究。图 10-2 给出了石墨烯片和碳纳米管的说明。

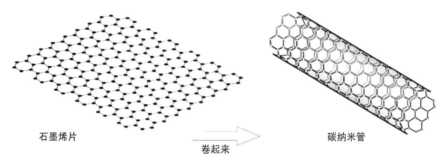

石墨烯片　　　　　　　　卷起来　　　　　　碳纳米管

图 10-2　石墨烯片和碳纳米管

光学芯片和**光互连**的目的是利用光而不是电子，作为电子设备之间及其内部的主要信号载体（Minzioni et al.，2019）。一根铜线一次只能传输一个数据信号，但一根光纤可以使用不同波长的光传输多个数据信号（Kitayama et al.，2019 年）。在 DARPA 资助的一个名为**光子优化嵌入式微处理器（POEM）**的项目中，有风险投资支持的 Ayar 实验室和麻省理工学院和加州大学伯克利分校的研究团队合作，已经开始将光子芯片技术商业化（Matheson，2018）。Ayar 瞄准芯片到芯片的通信，创建了输入/输出（I/O）的**光互连**，比传统的铜线更快、更省电（Matheson，2018）。这项工作的意义和范围可能非常大，就好比你可以拥有地球上最强大的汽车发动机，但如果从发动机到油箱的管道需要太长的时间来输送燃料，你的汽车就会加速得很慢。

同样的道理，处理器处理信息的速度最快只能等于信息被检索并传递给系统其他部分的速度。虽然 SoC 的处理速度是以前的两倍，但如果连接它和系统其他部分的电路很慢，那么增加额外的功率就会变得毫无用处。由 POEM 计划和 Ayar 实验室进行的关于光学芯片和光互连的研究，旨在缓解这些数据传输瓶颈，充分释放摩尔定律的力量（Matheson，2018）。

10.2　超越摩尔定律——新技术

在传统的硅工程技术的进展之外，还有一些真正迷人的技术正在开发中，可以让我们进入后摩尔计算的复兴。

量子计算是一项得到大量报道的技术，尽管专家们对其实际局限有很多保留意见。在数字计算机中，一个比特必须是 0（晶体管关闭，没有电流通过）或 1（晶体管打开，电流通过）。在量子计算中，一个**量子比特**在任何时候都可以作为 0、1 或两者的组合存在（Brant，2020）。量子计算的物理原理很复杂，但本质上，量子计算机利用量子比特的**叠加**和一种叫作**量子纠缠**的现象（即两个粒子在一定距离内相互联系），执行比现代计算机所能处理的复杂程度高得多的计算（Jazaeri et al.，2019）。叠加指的是量子粒子的一种属性，让它能够同时存在于两种状态（在现在这种情况下，是 0 和 1）。该技术的研究者和开发人员正在努力实现**量子优势**，即，在按照经典物理学定律（如牛顿运动定律）运行的经典计算机所执行的特定任务中，按照量子物理学定律运行的量子计算机可以表现得更好（Gibney，2019）。

量子晶体管为量子计算提供了一个有趣的转折点，理论上可以利用目前的制造技术来创造小型量子设备，能够提供极大的计算能力。量子晶体管利用**量子隧穿**和**量子纠缠**的力量来处理和存储信息（Benchoff，2019）。在量子力学中，当粒子直接穿过物理屏障时，就会发生隧穿现象，这与经典力学中粒子不能通过这种屏障不同。这在亚原子层面上会产生许多问题，并且是进一步缩小晶体管尺寸的主要挑战之一，正如我们前面讨论的那样。在较小的几何尺寸下，这些障碍变得更小，电子可以很容易地通过这些微小的障碍。我们可以在图 10-3 中看到量子隧穿的说明。隧穿和纠缠仍未被完全理解，维持利用这种力量所需的原子级控制是极其困难的工程挑战，需要大量的投资和研究。量子晶体管仍处于早期开发阶段，尽管研究人员已经能够开发出工作原型作为概念证明。

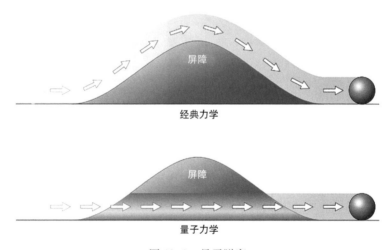

图 10-3　量子隧穿

量子技术的潜在应用包括数据安全、医学研究、复杂的模拟以及其他需要指数级增加处理能力的问题。虽然这项技术有很大的潜力，但它容易出现频繁的错误，并且需要超精确的环境条件才能发挥作用，需要先进的**低温技术**，将量子设备冷却到接近物理极限的温度（Emilio，2020）。虽然这样的限制听起来并不乐观，但只要记住，20 世纪 50 年代的计算机几乎比礼堂还大，现在却可以放在你的口袋里。像 Rigetti Computing 这样的风险投资公司，以及像谷歌和 IBM 这样的大公司，已经为这项技术投入了大量的资源（Shieber & Coldewey，2020）。2019 年，由约翰·马蒂尼领导的物理学家团队与谷歌和加州大学圣巴巴拉分校合作，声称已经实现了量子优势，他们建造的实验性量子计算机能够计算出一个问题的解，而这个问题估计需要超级计算机工作 1 万年才能完成（Savage，2020）。在图 10-4 中，我们可以看到位于芬兰埃斯波的 IQM 量子计算机的现场图片（左）和量子计算机的效果图（右）（IQM Quantum Computers，2020）。

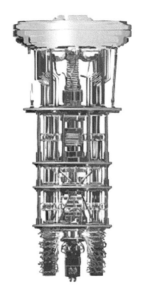

图 10-4　量子计算机——芬兰埃斯波的 IQM 量子计算机现场图片（左）
与量子计算机的效果图（右）

假设量子计算机有一天是可行的，它们极不可能取代我们今天使用的经典计算机——两者各自适合解决不同的问题集，更多的是相互补充，而不是替代。例如，在密码学方面，量子计算机可以用来挫败黑客，使云计算更加安全。在医学和材料领域，量子计算能力可以让仿真变得更强大，加速新疗法和化合物的开发。在机器学习领域，量子计算机可以帮助更快地训练机器学习模型，缩短处理大量数据的时间。最后，随着数据量的逐年增长，量子计算机可以帮助实现搜索功能，将海量的单个数据点变成有用的信息。谷歌是搜索领域的领先者，自 2016 年以来一直在研究和开发量子计算技术，并希望在 2029 年拥有一个有用的量子计算机（Porter，2021）。图 10-5 描绘了这些不同的应用领域。

神经形态计算技术以神经元这样的生物处理结构为模型，为超越摩尔定律的计算进步提供了一条迷人的潜在途径。发表在《自然·电子学》杂志上的研究称，科学家已经成功地创造了一种**神经晶体管**，可以同时存储和处理信息，大大提高

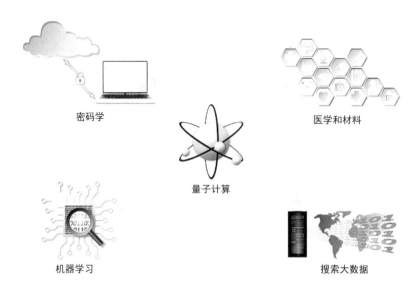

密码学

医学和材料

量子计算

机器学习

搜索大数据

图 10-5　量子计算的应用

了处理速度，并表现出可塑性的特点；这个突破使神经晶体管能够像人脑一样学习和改变任务（Baek et al.，2020）。英特尔的其他研究工作旨在将神经形态计算研究用于人工智能和其他使用**尖峰神经网络（SNN）**的应用，其作用类似于硅基神经元的神经网络，模拟人脑中的类似网络（Intel Labs，n. d.）。**人脑项目（HBP）**是得到广泛认可的研究项目，专注于建立我们对神经科学和计算的理解，它在神经形态计算方面投入了大量资源，这是他们的 12 个目标重点领域之一（HBP，n. d.）。HBP 是一项合作研究工作，允许任何人在他们的神经形态机器上注册并申请计算时间。它既使用 **SpiN-Naker（SNN）系统**，类似于英特尔的系统，利用部署在定制数字电路上的数字模型，也使用 **BrainScaleS 系统**，采用模拟和混合信号组件来模拟神经元和突触（Human Brain Project，n. d.）。**DNA** 存储信息的效率比最复杂的 SoC 高几百万倍，它也是研究的重点，是**数据存储**的潜在替代品（Linder，2020）。图 10-6 强调了

图 10-6　神经形态技术与
人脑中神经元的联系

神经形态技术和我们大脑中的神经元的联系。

我们可以从**几何缩减**和**功能扩展**的角度来考虑延长和超越技术。延长技术的重点是开发现有的晶体管技术，通过让组件更小和更有效来实现几何缩减。另一方面，超越技术的重点是在给定的特征尺寸下获得更好的性能，或者把计算结构转变为新的基础组件和系统架构，让特征尺寸变得不重要。在未来几十年里，我们需要这两种技术来推动技术发展和创新继续前进。

在图 10-7 中，重新审视功能扩展与几何缩减，比较可能延长摩尔定律的技术与试图超越它的技术的潜在影响。几何缩减技术的目的是使晶体管更小，而传统的功能扩展技术则是在给定的节点或特征尺寸中榨取更多的性能。与使用现有晶体管技术的功能扩展不同，这里的功能扩展也可以通过计算性能的范式转变来实现，而与器件的尺寸无关。

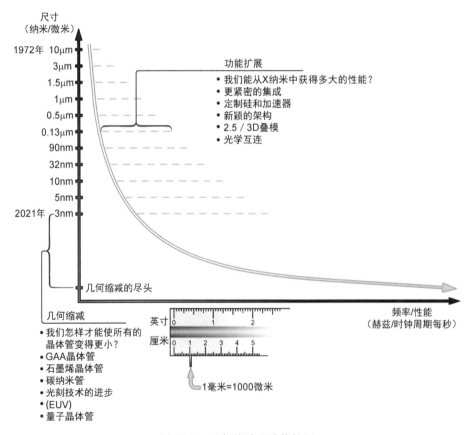

图 10-7　几何缩减和功能扩展

10.3　本章小结

本章首先介绍了旨在延长摩尔定律的持续性技术：

1. **2.5/3D 芯片堆叠**使我们能够在纵向而不是横向构建，增加连接性（性能），提高能源效率（功率），并节约宝贵的空间（面积）。

2. **全包围栅极（GAA）纳米片晶体管**是 CMOS 技术发展中很有希望的下一步，并将在未来几年内接替 FinFET 的位置。

3. 像高度集成的 ASIC 和 IC 加速器这样的**定制硅（定制芯片）**可以针对特定的应用和功能进行优化。

4. **二维石墨烯晶体管和碳纳米管**具有独特的性能，有希望延续几何缩减。

5. **光学芯片和光互连**利用光子来加快数据传输速度，减少整个电子系统的延迟。

接下来讲述的是旨在超越摩尔定律的新技术：

1. **量子计算机和量子晶体管**使用量子比特、叠加和量子纠缠来解决特定的问题集，即使是最强大的超级数字计算机，也没有能力或不能有效地解决这些问题。

2. **神经形态计算技术**以神经系统等生物处理中心为模型，努力创造新的计算范式。

撇开细节不谈，关于半导体和电气系统的未来，最令人印象深刻的是，我们更接近这项技术的开端，而不是它最终将引领我们的方向。世界各地的聪明人每天都在合作，开展令人难以置信的突破。尽管在今天看来，其中许多技术是不可想象的，但明天它们可能成为我们日常生活的一部分。

10.4　半导体知识小测验

这里的 5 个问题都和本章有关，可以确保你理解了学到的知识。

1. 与传统的"二维"集成电路相比，堆叠有什么优点？缺点是什么？

2. 比较平面晶体管、FinFET 晶体管和 GAA 晶体管的结构。GAA 晶体管的优势在哪里？

3. 说出三种有前途的通道材料。为什么这些材料如此重要？

4. 描述比特和量子比特的区别。与传统数字设备相比，量子计算机可能很适合哪些应用呢？

5. 几何缩减和功能扩展向我们提出了什么问题？将本章涉及的每项技术分类为更多以几何为导向或以功能为导向的性质。

结　　论

　　我们生活在技术大发展的时代，可以实现的潜力从来没有像现在这么大。我们这些人经历了这场非凡革命，不应该忘记自己见证了一个怎样的时代。19世纪中期出生的人，在泥泞的道路上骑着马长大，最后开着福特汽车结束一生，他们的情况与此并无不同。从20世纪50年代可以填满一个大房间的庞大的处理器，到可以装在我们口袋里的伪超级计算机，我们可能也会发现，我们的终点与开始的地方大不相同。

　　无论你是直接参与电子行业，还是在相关领域工作，或者仅仅是好奇，寻求有关为我们的世界提供动力的基础技术的硬信息，了解半导体是如何设计、制造和集成到系统中的，都是令人振奋、富有启发性、有娱乐性和值得的。然而，对于这个复杂的主题，如果没有接受过正规的电气工程教育，理解起来可能会令人沮丧。我写这本书的目的是，提供一条通向这种知识的清晰道路，将多年的艰苦研究编织在一起，以便任何人都能理解半导体技术——无论你是专业技术人士，还是分不清硅和灰的普通人。我希望通过对技术概念提供清晰、直观的解释，深入到对半导体的广泛、全面的理解，而不至于迷失在理论杂草的巨大网络中。如果说我在这方面取得了成功，那只是由于我自己的老师和向导的帮助。如果我有不足之处，那也不是因为缺乏努力。感谢你的阅读，愿你在半导体世界的道路上不断取得成就。

附　　录

附录 A　OSI 参考模型

开放系统互连（OSI）模型是通信和连接领域的一个概念框架，用于描述电子设备和网络系统的内部运作，如图 A-1 所示。

第 7 层：应用层描述了网络的终端用户实际看到的东西。这一层提供像 HTTP或 FTP 这样的协议，使软件能够向用户展示数据，并在用户和底层系统之间发送和接收数据。应用层系统的例子包括像谷歌浏览器这样的网络浏览器、电子邮件应用程序，或者专有的用户界面（UI）。

第 6 层：表现层是应用程序处理的地方，准备信息以呈现给应用层的终端用户，或者从应用层接收信息，并将其送到较低层做进一步处理。加密和解密发生在这一层（Imperva，2020）。

第 5 层：会话层是计算机和服务器相互之间打开通信通道的层级。这一层发起并协调通信，但实际数据传输发生在第 4 层，即传输层（Cloudflare，n. d.）。

第 4 层：传输层在系统中不同的计算机和服务器之间传输信息。它接收来自一个设备的外发数据，然后将其分解成可管理的片段，再发送给其他设备。然后在接收端对这些片段进行重新组合，以便它们可以在会话层使用。你可能熟悉**传输控制协议（TCP）**，它是建立在第 3 层**互联网协议（IP）**之上的。

一旦在网络层找到一个 IP 地址，**TCP** 是负责向终端设备传送数据的协议。可以把你的计算机的 IP 地址想象成数字门牌号——它允许其他计算机上的网络参与者找到你，并传递或请求数据和信息。

第 3 层：网络层按特定顺序做三件事。首先，来自传输层的数据段被分解成网络数据包。其次，这些网络数据包沿着最佳路径通过物理网络，使用**互联网协议（IP）**等网络地址进行路由，以确保这些数据包到达正确目的地。最后，这些数据包在接收端被重新组装成可供传输层使用的数据段（Raza，2018）。

第 2 层：数据链路层（MAC）在两个节点（物理接入点，如计算机、手机或服务器）之间建立连接，以便数据在它们之间传输。该层由两部分组成。**逻辑链路控制层（LLC）**检查错误并确定适当的协议（关于数据如何传输的一套规则）。**媒体访问控制层（MAC）**在 LLC 的"下面"，处理与物理层的互动。数据链路层协议的例子包括以太网和 Wi-Fi。

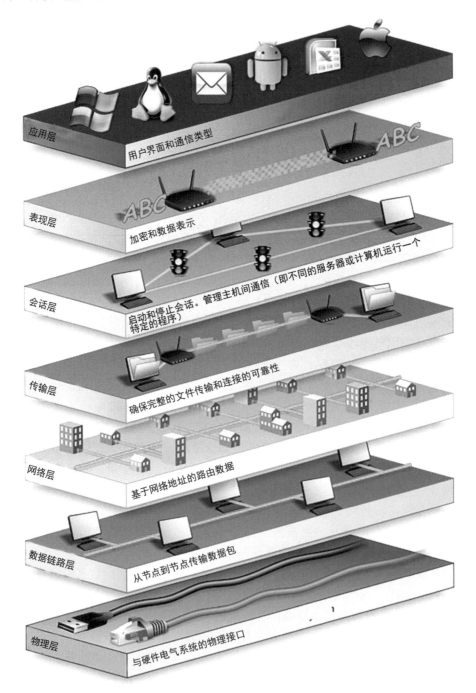

图 A-1　OSI 参考模型（OSI 模型包括 7 层，从物理层到应用层）

第1层：物理层（PHY）负责节点之间的物理连接。这是数据本身（一串1和0）被传输到基础硬件的地方。在实践中，物理层是由连接电子设备和网络的电子电路组成的，通常包括混合信号和模拟电路、收发器和接收器等射频元件，以及能够解释和调制进出信号的 DSP 模块。不同种类的芯片可以构成物理层，这取决于设备和它所连接的东西。

在高度集成、空间受限的设备（如 SoC）中，PHY 层和 MAC 层的功能往往被集成在同一个电路中，通常称为**网络接口控制器**。这个网络可以是任何东西，从手机服务和 Wi-Fi 到你最喜欢的电视台或电台的广播。

附录 B 半导体并购协议公告——详细信息和来源

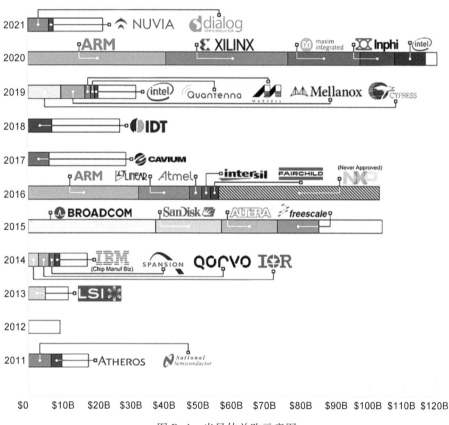

图 B-1 半导体并购示意图

表 B-1　按年份划分的主要半导体并购协议公告

2011	• 美国国家半导体公司以 65 亿美元的价格被德州仪器公司收购（Rao，2011）。
	• Atheros 公司被高通公司以 31 亿美元收购（Ziegler，2011）。
2012	• 并购公告少。
2013	• LSI 公司被 Avago Technologies 以 66 亿美元收购（Broadcom，2013）。
2014	• 国际整流器公司被英飞凌科技股份公司以 30 亿美元收购（Business Wire，2014）。
	• RF Micro Devices（RFMD）和 TriQuint 合并成 Qorvo（Qorvo，2014）。合并后的公司在宣布时的估值为 30 亿美元（Manners，2015）。
	• Spansion 被赛普拉斯半导体以 16 亿美元收购（Silicon Valley Business Journal，2014）。
	• IBM 芯片制造业务被格罗方德以 15 亿美元收购（Brodkin，2014）。
2015	• 博通公司被 Avago Technologies 以 370 亿美元收购（Broadcom，2015）。
	• SanDisk 以 190 亿美元的价格被西部数据公司收购（Semiconductor Digest，2015）。
	• Altera 被英特尔以 167 亿美元收购（Intel Newsroom，2015）。
2016	• 飞思卡尔被恩智浦以 120 亿美元收购（CNBC，2015）。
	• ARM 被软银以 320 亿美元收购（Kharpal，2016）。
	• Linear 被模拟器件公司以 148 亿美元的价格收购（Clark，2016）。
	• 微芯公司以 36 亿美元的价格收购了爱特梅尔公司（Picker，2016）。
	• 英特赛尔公司以 32 亿美元的价格被瑞萨公司收购（Design & Reuse，2016）。
	• 仙童半导体以 24 亿美元的价格被安森美半导体收购（Ringle，2016）。
	• 高通公司宣布以 470 亿美元收购恩智浦（Etherington，2016）。
2019	• Cavium 被 Marvell Technology 以 60 亿美元收购（Palladino，2017）。
	• IDT 被瑞萨公司以 67 亿美元收购（Renesas，2018）。
	• 赛普拉斯被英飞凌公司以 94 亿美元收购（Bender & Dummett，2019）。
	• Mellanox 公司被英伟达公司以 69 亿美元的价格收购（NVIDIA Newsroom，2019）。
	• Marvell Wi-Fi 连接业务被恩智浦公司以 17 亿美元收购（EPS News，2019）。
	• Quantenna Communications 被安森美半导体以 11 亿美元收购（Business Wire，2019）。
	• 英特尔的手机调制解调器业务被苹果公司以 10 亿美元收购（EPS News，2019）。
2020	• ARM 被英伟达公司以 400 亿美元收购（NVIDIA Newsroom，2020）。
	• 赛灵思被 AMD 以 350 亿美元收购（AMD Newsroom，2020）。
	• 美信公司被模拟器件公司以 210 亿美元收购（Analog Devices Newsroom，2020）。
	• Inphi 被 Marvell Technology 以 100 亿美元收购（Marvell Newsroom，2020）。
	• 英特尔 NAND 内存业务被 SK Hynix 以 90 亿美元收购（SK Hynix，2020）。
2021	• Dialog Semiconductor 公司被瑞萨公司以 60 亿美元收购（James，2021）。
	• NUVIA 被高通公司以 14 亿美元收购（Qualcomm Newsroom，2021）。

词 汇 表

术 语	定 义
2.5D 封装（2.5D Packaging）	一种封装结构，把芯片连接到共享的基板（称为中介板），而中介板又连接到 PCB
3D 封装（3D Packaging）	一种封装结构，芯片直接堆放在彼此的顶部
ARM 架构（ARM Architecture）	一个受欢迎的授权 ISA
CPU 核心（CPU Core）	组成 CPU、GPU 或其他多核结构的处理器的单个微处理器。计算核心可以与其他"核心微处理器"结合起来，以处理更复杂的任务，并运行更繁重的应用程序
DRAM（动态随机存取存储器）	一种 RAM，作为 CPU 的短期存储器，使其能够快速访问和处理信息。DRAM 可以比 SRAM 容纳更多的数据，但总体上比较慢
ENIAC（电子数字积分器和计算机）	第一台可编程的、电子的、通用的数字计算机。它是由 J. 普莱斯珀·埃克特和约翰·莫奇利于 1946 年在宾夕法尼亚大学发明的，基本上是一个装满真空管的大房间，占地近 160m^2，重量接近 50 吨（US. Army, 1947）
EPROM（可擦除可编程只读存储器）	只读存储器（ROM），可以多次擦除和重写，但需要一个限制性过程才能做到，涉及专门的紫外光工具
EUV 光刻技术（EUV Lithography）	一种特殊的光刻技术，使用紫外光而不是更传统的光源，在晶圆表面蚀刻图案。它的波长比其他光源小得多，因此可以刻蚀更小的特征尺寸
Fab-Lite 模式（Fab-Lite Model）	一种半导体商业模式，即像英特尔或三星这样的 IDM 自己生产部分芯片，同时将部分产品的生产外包
FinFET（鳍式）晶体管（FinFET Transistor）	一种场效应晶体管，其凸起的栅极结构覆盖了通道的三面，使晶体管对电流的流动有更大的控制，消耗的功率更少，并且减少了电流的泄漏
FPGA（现场可编程逻辑门阵列）	专门的集成电路，可以由客户或设计师在芯片制造完成后进行配置或编程
GDS Ⅱ（图形数据系统）	一种标准化的格式，用于在 IC 设计周期结束时将完成的设计发送到工厂
I/O 控制器集线器（ICH）	北桥和南桥之间的接口
I/O 密度（I/O Density）	在一定数量的芯片表面区域上的 I/O 互连的集中度。更高的 I/O 密度减少了将信号或信息从电子系统的一个部分转移到另一个部分所需的处理时间，并能在堆叠的芯片配置中节省宝贵的硅空间
IC 封装（IC Packaging）	旨在保护底层电路或半导体设备的特殊外壳。通常由塑料或陶瓷材料制成
Ⅲ-Ⅴ 主族元素（Ⅲ-Ⅴ Elements）	周期表中第Ⅲ主族到第Ⅴ主族的元素。这类元素特别适合于制造半导体和电子装置。例子包括硅、锗和砷化镓

（续）

术　语	定　义
NAND 闪存（NAND Flash Memory）	一种 EEPROM，可以擦除信息，分块写入数据（而不是每次一个字节），工作速度比 EPROM 快得多，是当今电子设备中用于存储数据的主要 ROM 类型
NMOS 晶体管（NMOS Transistor）	由一个 p 型半导体夹在两个 n 型半导体之间制成的晶体管
N 型半导体（N-Type Semiconductor）	经历了 N 型掺杂过程的半导体材料块，现在含有多余的电子
OSAT（外包装配、测试和包装供应商）	专门从事后端制造装配、测试和包装活动的半导体公司。由于有明显的劳动力成本优势，它们主要设在东亚
OSI 系统堆（OSI System Stack）	OSI 模型中的七层，代表同心的抽象层。从硬件到用户，堆栈层包括物理层、数据链路层、网络层、传输层、会话层、表现层和应用层
PMOS 晶体管（PMOS Transister）	由一个 n 型半导体夹在两个 p 型半导体之间制成的晶体管
PROM（可编程的只读存储器）	只读存储器（ROM），可以在制造后进行编程，但编程以后就不能改变
P 型半导体（P-Type Semiconductor）	经历了掺杂过程的半导体材料块，现在包含的电子少了一个
SRAM（静态随机存取存储器）	一种 RAM，作为 CPU 的短期存储器，使其能够快速访问和处理信息。SRAM 比 DRAM 快，但能容纳的数据更少
SystemVerilog	一种用于前端设计验证的硬件描述语言
Verilog	一种用于前端数字设计的硬件描述语言。与 VHDL 相似，但比较新，基于 Ada 和 Pascal 编程语言
VHDL	一种用于前端数字设计的硬件描述语言。类似于 Verilog，但基于 C 编程语言
安培（A）	电流的基本单位。它衡量在一秒钟里有多少电子流过给定的点
安置和布线（Place-and-Route）	后端设计过程中的一个阶段，物理设计工程师决定将所有的电子元件放在哪里，然后整合所有需要连接它们的线路
半导体（Semiconductor）	具有介于绝缘体和导体之间的中等导电性的材料。平衡的导电性能使半导体特别适合控制和操纵电子设备中的电流
半导体 IP 公司（Semiconductor IP Companies）	设计和授权通用模块和单元库的半导体公司，电路设计师可以用这些模块和单元库来生成更复杂的设计
半导体价值链（Semiconductor Value Chain）	形成半导体成品的增值活动的核心序列，从最初的客户需求到芯片设计、制造、封装、组装、系统集成和最终产品交付
北桥（Northbridge）	一种总线接口，通过前端总线（FSB）将 CPU 与具有最高性能要求的组件，如内存和图形模块连接起来

（续）

术　语	定　义
比特（Bit）	计算机可以处理的最小的数据单位。它可以容纳两个值中的一个，开（1）或关（0），构成二进制计算机语言的基础
比特率（Bit Rate）	在特定时间内处理的比特数量，通常以比特/秒表示
编译器（Compiler）	将 Java 和 C#等高级编程语言翻译成计算机可以理解的机器级语言的设备
表面贴装技术（SMT）	电子元件附着在 PCB 表面的一种装配工艺
并行处理（Parallel Processing）	一种计算形式，将较复杂的问题分解成较小的组成部分
并行接口（Parallel Interface）	在两个组件之间运行多条线并同时传输多个比特的互连。例子包括 DDR（双倍数据速率总线）和 PCI（外围元件接口总线）
波长（Wave length）	在特定的光波、射频信号或其他电磁波能量上，相继的两个高点（或低点）之间的距离。在光刻技术中，光的波长限制了工程师可以在晶圆表面刻蚀的图案尺寸
薄膜（Thin Films）	在半导体制造的沉积过程中添加到晶圆表面的材料层。在以后的步骤中，这些材料层可以用来刻蚀电路图案和特征
布尔逻辑（Boolean Logic）	数学逻辑，将变量标记为真或假。常见的布尔运算符包括"或"（OR）、"与"（AND）和"非"（NOT）
步进器（Stepper）	在半导体制造过程的光刻阶段，用于在晶圆上对准光刻板的机器
参考时钟（Reference Clock）	数字处理器使用的时钟，用于协调不同功能块的处理，并确保整个系统的正确计时。也可以简称为"时钟"
参数测试（Parametric Testing）	一种测试方法，在测试电路结构上测量几个关键的电路参数，以确保晶圆制造过程的性能符合预期
测试平台（Testbench）	在 FPGA 或 ASIC 验证或仿真过程中使用的专门计算机代码，用于验证从一组给定的输入产生的正确输出
掺杂（Doping）	半导体制造中的一种技术，将化学元素添加到硅片中，赋予晶体管组件以特殊的导电性能，让它能够更好地控制电流的流动
掺杂物（Dopant）	添加到半导体中以改变其导电性的化学杂质
场效应晶体管（FET）	一种使用电场来控制栅极的晶体管。它有三个部分——源极、栅极和漏极
超大规模集成（VLSI）	功能元件非常多（几百万个晶体管）的集成电路的设计过程
超净室（Clean Room）	半导体工厂的房间，旨在容纳高精确、超敏感的制造过程。它们通常包含专门的空气过滤系统，将空气中的微粒数量减少到医院无菌手术室的 1/1000
沉积（Deposition）	在半导体制造过程中，将称为薄膜的材料添加到晶圆表面的一系列工艺
穿梭运行（Shuttle Run）	代工厂的生产运行，同时生产多个客户的设计
传感器（Sensor）	检测现实世界的输入，如热或压力并将其转换为电信号的设备。主动式传感器需要外部电源，而被动式传感器不需要电源就能运作

（续）

术　语	定　义
传输线（Transmission Line）	在整个电力系统中从一个地方到另一个地方传递信息的金属线或导电轨道
串扰（Crosstalk）	当一个信号的能量不经意地转移到邻近的传输线上时，就会产生的一种干扰
串行处理（Serial Processing）	一种计算形式，可以非常快速地运行任务，但只能按顺序一个接一个地完成指令
串行接口（Serial Interface）	在两个组件之间通过单线逐位传输和接收数据的互连，但速度比并行接口高得多。例如 PCIe（PCI Express 总线）、USB（通用串行总线）、SATA（串行先进技术附件总线）和以太网总线
纯代工厂（Pure-Play Foundries）	制造芯片但不自己设计的半导体公司
促动器（Actuator）	将电信号转换回现实世界信号的设备。主动式促动器需要外部电源，而被动式促动器不需要电源就能工作
存储器（Memory）	这种电路的主要功能是存储数据和信息，供大系统的处理中心使用
存储器层次结构（Memory Hierarchy）	按距离核心系统处理器的远近来组织的存储器的顺序结构。由近到远，存储器层次包括 CPU 寄存器、高速缓冲存储器、RAM 工作存储器、ROM 长期存储器和外部互连，如鼠标和键盘
代工厂（Fab）	制造集成电路和其他电子装置的半导体制造厂，也叫晶圆厂
带通滤波器（Band Pass Filter）	这种滤波器只让某两个频率之间的信号通过
带阻滤波器（Band Reject Filter）	这种滤波器只让某个频率范围以外的信号通过
氮化镓（GaN）	一种由镓和氮制成的半导体化合物，用于制造电子装置。虽然它很脆弱，而且比硅更难制造，但是被用于专门的应用，如高效功率晶体管、射频元件、激光器、光子学和发光二极管
导电轨道（Tracks）	电路板上的导电路径，用于将电子系统部件相互连接
导电性（Conductivity）	一种材料允许电流通过的容易程度，与电阻相反
导体（Conductor）	具有高导电性的材料，允许电流轻易通过
倒装芯片连接（Flip Chip Bonding）	倒装芯片封装中的工艺，芯片被翻转并连接到球栅阵列，或者直接连接到 PCB 上，在芯片的表面区域内形成互连，提高系统的整体速度
低通滤波器（Low Pass Filter）	这种滤波器只让低于某个频率的信号通过
低温技术（Cryogenic Technology）	可以将材料冷却到极低温度的技术和设备
电（Electricity）	由电荷运动产生的一种能量形式或一组物理现象。严格来说，它不是"东西"，而是用来描述电荷和电流之间关系的术语
电场（Electric Field）	带电粒子产生的物理场，可以对其他带电粒子施加力。也可以简单地称为"场"
电池（Battery）	一种动力存储装置，利用电化学反应将存储在电池中的化学能转化为电能

术　语	定　义
电磁波谱（Electromagnetic Spectrum）	按波长和频率分类的模拟信号的广泛范围
电磁干扰（EMI）	由随机电磁环境干扰引起的信号干扰
电磁力（Electromagnetic Force）	自然界的四种基本力之一。它支配着带电的（或磁化的）粒子之间的相互作用，并负责相反电荷的吸引和相同电荷的排斥
电磁学（Electromagnetics）	探讨电场的物理学和相互作用的研究领域
电动势（Electromotive Force）	以伏特（V）衡量的两点不平等电荷之间的电压力。两点之间的电荷量差异越大，它们之间存在的电压就越大。类似于"水压"推着水流沿着管路走，"电压"推着电流沿电线走。也叫电压或电势差
电感（Inductor）	利用磁场来调节电压和控制电流的设备。它们通常作为分立元件出现在电源中
电荷（Electric Charge）	由质子和电子等亚原子粒子携带的物质的基本属性。质子与电子的净比例决定了物体的整体电荷
电化学沉积（ECD）	在半导体制造过程中，在硅片表面沉积薄膜的一种沉积技术。用来在导电基底上生产厚的金属层，也叫"电镀"
电极（Electrode）	用于连接电路的金属和非金属部分的导体。例如，构成电池两端的带正电的阴极和带负电的阳极
电可擦写可编程只读存储器（EEPROM）	一种只读存储器（ROM），不用紫外光工具就可以擦除，但每次只能改变1个字节，擦除和重新编程的速度相对较慢
电离（Lonizing）	具有足够能量的电磁辐射，可以将电子从原子和分子中分离出来。这就是核电站发出的那种危险辐射，可能很危险
电流（Electric Current）	像电子这样的带电粒子流，在空间或导电材料中沿同一方向运动
电流泄漏（Current Leakage）	逐渐从电路中非故意损失的电能。也可以简单地称为"漏电"
电路（Circuit）	任何两个带不同电荷的物体之间的闭合回路。在电子学中，它很可能包括提供电流的电源，使用电流的耗电部件，以及传输电流的连接线
电路节点（Circuit Node）	任何可以发送电信号的单个元件的总称，无论是互连、晶体管，还是组成电路的其他部件（不能与制造或工艺节点混淆）
电能（Electrical Energy）	从电荷的运动中提取的能量
电容（Capacitor）	用于调节电压和存储电能的装置
电势（Electric Potential）	衡量一个物体在某个特定时刻的电荷状况。带正电的物体比带负电的物体具有更高的电势。与电势差密切相关，后者衡量两个独立物体之间的电荷差异
电势差（Potential Difference）	以伏特（V）衡量电荷不相等的两点之间的电压力。两点之间的电荷量差异越大，它们之间存在的电压就越大。类似于"电压"推着电流沿电线走，也叫电压或电动势
电信号（Electrical Signal）	一系列携带编码信息的电脉冲。例如，在数字电子学中，二进制计算机的1和0的序列形成一个独特的模式，将信息从电路的一个部分传输到另一个部分。也称为数据信号，也可以简单地称为"信号"

（续）

术　语	定　义
电压（Voltage）	以伏特（V）衡量电荷不相等的两点之间的电压力。两点之间的电荷量差异越大，它们之间存在的电压就越大。类似于"水压"推着水流沿着管路走，"电压"推着电流沿电线走。也叫电压或电动势
电压调节器（Voltage Regulator）	在不同的环境变化和条件下保持稳定的电压供应的电源组件。例如DC/DC转换器、PMU（电源管理单元）、降压转换器（DC/DC转换器的一种特殊类型）、升压和反激式转换器
电源工程师（Power Engineer）	负责建立可靠的配电网络，包括电压调节器、电源转换器和电源层，确保电力被输送到需要的地方，还要保证系统中任何一点的电压都不会太高或太低
电源管理单元（PMU）	调节电子系统内的功率和电压的微控制器
电源管理集成电路（PMIC）	负责调节系统或设备中的功率和电压的集成电路类型
电源完整性（Power Integrity）	衡量整个系统的电压流质量
电源转换器（Power Converter）	在交流电（AC）和直流电（DC）之间或在同一类型的电流之间进行转换的设备，用于调节电压
电子（Electron）	一种带负电的亚原子粒子，可以自由存在或围绕原子核运动
电子迁移率（Electron Mobility）	在电场的作用下，电子在金属和半导体中移动的自然能力
电子设计自动化（EDA）	一类用于设计集成电路和其他电子系统的软件工具。也称为e-CAD（计算机辅助的电子设计）
电子束（E-beam）光刻技术（Electron Beam Lithography）	一种特殊的光刻技术，使用电子束而不是光来刻蚀晶圆表面的图案
电阻（Electrical Resistance）	一种材料允许电流通过的难度。绝缘体具有高电阻，而导体具有低电阻，与电导相反
电阻器（Resistor）	用来阻碍电流通过电路的器件
电阻损耗（Resistive Loss）	由于传输线传导性问题而发生的一种损耗干扰
叠加（Superposition）	量子粒子的一种属性，使它们能够同时存在于两种状态（在这里是0和1）
动能（Kinetic Energy）	从运动中获得的一种能量形式，即运动能
多核架构（Multi-core Architecture）	一种结合了多个计算核心的处理器结构，可以处理更复杂的任务，并运行更多耗费精力的应用程序
多芯片模块（MCM）	一种将多个芯片集成到一个封装中的封装结构。虽然系统级封装（SiP）在水平方向（2D）和垂直方向（25/3D）上都集成了芯片，但多芯片模块具有2D结构，所有模块都连接到同一个底层封装基片上
多样化接入标准技术（Multiple Access Standard Technology）	一种技术，允许服务提供商通过同一基站或在一定的带宽内做多个呼叫
二极管（Diode）	一种允许电向一个方向流动的装置。不像开关，更像阀门
二进制计算机语言（Binary Computer Language）	软件开发人员用来与计算机通信的晶体管的模式，"开"（1）和"关"（0）

（续）

术　语	定　义
二维晶体管（2D Transistors）	具有平面栅极结构的晶体管，只有一个侧面与通道接触。例子包括 BJT 和 MOSFET 晶体管
发光二极管（LED）	一种特殊的半导体装置，当电流通过它就会发光
发射极（Emitter）	信号进入双极型结式晶体管的地方，类似于 MOSFET 晶体管的源极
发射器（Transmitter）	发出或传输电信号的设备
仿真（Emulation）	一种验证方法，用新的电路设计对 FPGA 仿真器进行编程，以便在真实世界中进行测试和观察
放大器（Amplifier）	一种增加信号强度的电子元件
飞线连接（Flywire Connection）	在半导体工业的早期发展过程中，用金属线将晶体管相互连接
非易失性存储器（Non-Volatile Memory）	在掉电的时候也可以存储数据的存储器。非易失性存储器用于永久性数据存储
分立元件（Discrete Components）	独立制造的基础级功能元件，如晶体管、电阻器、电容器、电感器、二极管等。分立元件与功能元件的差别是，后者可以被集成到一个基片上
分子束外延（MBE）	一种物理沉积技术，用于在半导体制造过程中在硅片表面沉积薄膜。物理气相沉积的一种类型
封装（Assembly）	把已经完成的集成电路或半导体器件安装并密封为集成电路的多步骤过程
封装（Encapsulation）	利用表面贴装技术（SMT）将芯片安装到 IC 封装外壳上，并使用封装化合物或模制的底层填充物将其密封，以形成完整的芯片-封装组件
封装内系统（SiP）	一种封装结构，将多个芯片集成封装在一起。多芯片模块（MCM）仅限于二维结构，所有芯片都连接到同一个底层基片上，而系统级封装（SiP）则有水平（2D）和垂直（2.5D/3D）结构，一些芯片堆叠在其他芯片之上，通过硅通孔（TSV）连接到底层基片
封装-芯片组件（Package-Die Assembly）	装配过程中产生的最终产品。它包括一个由集成电路封装的成品芯片
冯·诺伊曼架构（Von Neumann Architecture）	一种理论上的宏观架构，用一条总线连接 CPU 和存储体
伏特（Volt）	电压的基本单位。它测量两点之间由于存在电势差而产生的电压的大小
辐射（Radiation）	以电磁波的形式发射或传输能量
辐射损失（Radiation Loss）	由于系统密封问题而发生的一种损失干扰
辅助存储器（Secondary Memory）	较慢的存储器，只能通过互连和中介访问，也称为备份存储器或辅助存储器
复用（Mutiplex）	使用单一的信道或带宽同时传输几个信息或数据信号
复杂指令集计算（CISC）	一种使用多时钟周期的长指令的 ISA
覆盖单元（Coverage Cell）	每个基站的覆盖范围。单元类型包括宏蜂窝、微蜂窝、超小蜂窝和楼内系统
干法刻蚀（Dry Etching）	一种去除过程，使用等离子体除掉不再需要的光刻胶材料
干扰（Interference）	可降低信号精度的物理干扰，导致数据丢失、精度问题或潜在的系统故障。常见的干扰形式包括噪声、串扰、失真和损耗

（续）

术　　语	定　　义
高带宽内存（HBM）	一种 2.5D 存储设备结构，将核心逻辑分割成两个独立的部分，将存储芯片堆叠在其中一个上面
高级合成（HLS）	在硅设计过程中的一个阶段，用 HDL（如 VHDL 或 Verilog）编写的 RTL 设计被转换为设计网表，准备用于后端物理设计。这个阶段标志着前端设计的结束和后端设计的开始
高通滤波器（High Pass Filter）	这种滤波器只让高于某个频率的信号通过
高性能计算（HPC）	使用超级计算机或计算机集群来提供更大处理速度的做法
功率（Power）	当电流被转化为某种有用的能量形式时，电路在单位时间内所做的功
功率密度（Power Density）	衡量每单位体积输出的功率大小。该措施与一个电路的散热能力密切相关，这可能会限制较小晶体管尺寸的处理器性能
功能扩展（Functional Scaling）	在给定的一代芯片技术内，保持特征尺寸和制造工艺节点相同，最大限度地提高性能
功能验证（Functional Verification）	一种验证类型，使用 SystemVerilog HDL 代码模拟前端设计，以验证在任何可能的条件下，该设计都能完成它应该做的事情
功能元件（Functional Components）	基层元件，如晶体管和电阻，是在单个基片上集成和制造的。与分立元件不同，它们必须单独制造
固态硬盘（SSD）	使用相互连接的 NAND 闪存芯片而不是磁盘的辅助存储器，可以无限期地存储内存
关键路径（Critical Path）	一个信号在电路中移动所需的最长路径
光电子（Optoelectronics）	产生和接收光波的半导体装置
光刻版（Photomask）	在光刻工艺中用于将图案和电路特征刻蚀到晶圆上的半透明板。专门的光源通过光刻板照射，光刻版就像一个模板，使得涂在下面的表层暴露的光刻胶发生反应。也可以简单地称为"掩膜"
光刻技术（Photolithography）	一种关键的制造工艺，通过光刻板或一系列的光掩膜，用专门的光源照射，以便在构成单个芯片的硅片表面上印制电路图案。光刻工艺在一种称为步进器的昂贵机器中进行
光刻胶（Photoresist）	在光刻过程中使用的一种化学品，在光的作用下分解。当我们用主动光源瞄准光刻胶时，可以在晶圆的表面上按照光刻板的形状刻蚀出电路图案
光学互连（Optical Interconnects）	用于芯片对芯片数据传输和通信的互连技术。可能是传统铜线的有力替代品
光收发器（Optical Transceiver）	数据中心使用的特定种类的光子集成电路（PIC），比铜缆更有效地在更远的距离上传输信息
光学芯片（Optical Chips）	这种芯片使用光和光子作为电子设备之间和内部的主要信号载体
光子集成电路（PIC）	这种芯片在光纤通信、激光雷达等光学传感应用领域执行光学功能
光子优化的嵌入式微处理器（POEM）项目（Photonically Optimized Embedded Microprocessors Project）	这是由 DARPA 资助的商业化光子芯片技术的项目

（续）

术　语	定　义
硅（Silicon）	Si，一种半导体，用于制造绝大多数的集成电路和电子设备（周期表上的，14号元素）。它价格低廉，含量丰富，约占地壳总质量的30%
硅锭（Silican Dioxide）	被熔化并塑造成圆柱形的块状化合物，随后被切成薄的但未完成的晶片
硅通孔（TSV）	硅通孔间的垂直互连将基片和堆叠的芯片相互连接起来
硅周期（Silicon Cycle）	一个半导体商业周期，其长度由行业收入和公司估值的高点和低点的时间差来定义。这个术语用来描述半导体行业的高度波动性，年收入的起伏很大
硅锗（SiGe）	一种潜在的新通道材料，可以帮助缓解电子迁移率问题
哈佛架构（Harvard Architecture）	一种理论上的宏观架构，将指令和数据解析成两个独立的存储库，每种类型的输入都有一个独特的总线
焊锡球（Solder Balls）	将芯片连接到衬底或PCB的金属球，也叫"晶圆凸点"
赫兹（Hz）	时钟频率的基本单位。相当于每秒钟一个时钟周期
宏观架构（Macroarchitecture）	用来定义整个芯片系列的高级规则和结构准则。描述了指令从程序员传递到计算机的方式。也称为指令集架构（ISA）
后道工序（BEOL）	前端制造过程的一部分，局部和全局互连形成逻辑门并连接更广泛的系统组件。也称为制造过程的"金属后"部分，因为这些互连通常由铜或铝等金属制成
后端设计（Back-End Design）	在半导体设计流程中，前端设计之后的一个步骤，在这个步骤中，详细指令清单（称为网表）被转换成物理布局，在发送到半导体工厂进行生产之前，对其进行测试和验证。通常称为物理设计
后端验证（Back-End Validation）	后端设计过程中的一个阶段，用于验证芯片是否符合所选代工厂的所有规则。也称为物理验证或后端验证
后端制造（Back-End Manufacturing）	晶圆制造完成后，半导体制造过程的其余阶段，包括晶圆凸点、晶圆切割、芯片连接、外部互连形成、封装、密封和最终测试
后台应用框架（Backend Application Framework）	软件程序用于处理存储在数据库中的数据的编程逻辑，以达到某种有用的目的或最终目标。软件后端通常会与软件前端连接，向终端或用户提供有用的输出
互补型金属氧化物半导体（CMOS）	可以促进p沟道和n沟道晶体管生产的设计方法和制造工艺。也可以用来指使用CMOS工艺开发的电路
互连（I/O）	连接点将系统的独立部分彼此连接起来。在一个给定的集成电路内，"金属前"局部互连可能有助于形成逻辑门和电路基础的其他核心电路，而更高层次的"金属后"全局互连则将芯片的更多部分相互连接。系统互连可能通过集成电路封装将整个芯片连接到系统的其他部分
互联（Via）	垂直方向的金属互连，将芯片表面不同层次的元件连接在一起
化学-机械平坦化（CMP）	一种移除过程，用化学和机械力的组合使得晶片表面变平
化学能（Chemical Energy）	存储在化合物的化学键中的能量，在经历化学反应时释放。电池将存储的化学能转化为电能

（续）

术　语	定　义
化学气相沉积（CVD）	一类沉积技术，用于在半导体制造过程中在硅片表面沉积薄膜。CVD的温度明显高于PVD，并且使用固体形式的薄膜材料
划线（Scribe Line）	每个芯片之间的空间，在晶圆加工结束和前端制造过程中，为晶圆切割时提供切割的空间
环氧树脂芯片连接（Epoxy Die Attach）	一种常见的芯片粘接工艺，使用专门的树脂作为连接黏合剂
缓存（Cache Memory）	一种最靠近CPU的RAM类型。缓存在所有内存类型中对速度要求最高，通常存储等待执行的指令。也称为CPU存储器
黄氏定律（Huang's Law）	英伟达首席执行官黄仁勋的一项观察表明，自2012年以来，GPU人工智能处理能力每年都在翻番
汇编语言（Assembly Language）	用于与计算机硬件直接通信的初级编程语言
混合内存方块（HMC）	一种三维存储设备结构，DRAM存储芯片垂直堆叠在逻辑设备的顶部，并通过硅通孔（TSV）相互连接
混合信号器件（Mixed-Signal Device）	同时包含数字和模拟电路的电子设备
或门（OR Gate）	一个逻辑门，在让信号通过之前要求满足两个输入条件中的一个
机器学习（Machine Learning）	一种使用算法来分析和学习数据模式的计算方法，提高计算机适应和改进的能力。它是更广泛的人工智能领域的一部分
基极（Base）	双极结式晶体管的中间部分，位于发射极和集电极之间，类似于MOSFET晶体管的栅极
基片（Substrate）	通常定义为一种底层物质或基础层。在电子领域，它通常指构成用于制造集成电路的晶圆的半导体基础材料，最常见的是由硅制成的
基站（Base Station）	一个无线中继点，将服务网络延伸到特定的区域或覆盖单元
集成电路（IC）	由一堆晶体管和其他功能部件在一块衬底（半导体基片）上组合而成的电子电路。集成电路是由德州仪器的杰克·基尔比和仙童半导体的罗伯特·诺伊斯在20世纪60年代发明的
集成器件制造商（IDM）	设计、制造和销售自己的集成电路的半导体公司
集电极（Collector）	信号离开双极型结式晶体管的地方，类似于MOSFET晶体管的漏极
几何缩减（Geometric Scaling）	通过缩小特征尺寸和晶体管栅极长度，在很多代的集成电路中实现了性能改进
计算功能（Compute Function）	根据一组给定的指令执行的最终任务
计算指令（Compute Instructions）	告诉计算机或处理器执行一项特定任务的软件代码。也可以简单地称为"指令"
技术节点（又称流程节点或节点）（Technology Node）	某一代半导体制造技术，包括改进的设备、新材料和工艺，使芯片制造商能够制造晶体管比以前节点（以纳米为单位）更小的芯片
寄存器（Register）	CPU内部用来存放数据的小型存储区域。每个CPU都有固定数量的寄存器，数据可以通过这些寄存器流动，典型的寄存器容量为8位、16位、32位或64位的"宽度"

术　　语	定　　义
寄存器传输级（RTL）	一种低层次的设计抽象，用于使用寄存器和逻辑运算符对数字电路设计进行建模。也称为逻辑设计
寄生（Parasitics）	来自其他组件的不必要的干扰。当组件聚集在一起的时候，就会出现这样的问题
尖峰神经网络（SNN）	模仿人类大脑中神经元网络结构的神经网络
检验工程师（Validation Engineer）	使用 EDA 工具（如设计规则检查器（DRC））来验证芯片是否准备好进行生产的工程师
溅射靶材（Sputtering Target）	在半导体制造的沉积过程中用于在晶圆表面制造薄膜的材料。放置在真空室中的晶圆对面，并用溅射气体轰击它，将原子从溅射靶材上击落到晶圆表面
溅射气体（Sputtering Gas）	用于将原子从溅射靶材上击落的专门气体，以便在半导体制造的沉积过程中在晶圆表面形成薄膜
交流电（AC）	周期性改变方向的电流。最适合远距离输送电力，经常用于公用事业电网
焦耳定律（Joule's Law）	描述功率、电压和电流之间关系的方程式。它是以英国物理学家詹姆斯·普雷斯科特·焦耳的名字命名的，他在 1840 年发现了这个公式。功率 (P) = 电压 (E) × 电流 (I)
接收器（Receiver）	接收电信号的装置
解调器（Demodulator）	这种设备用于解码和分解收到的模拟载波信号，并将其转换为计算机可以理解的数字信号。与调制器相反
介质材料（Dielectric Materials）	用于让金属互连彼此绝缘并为整个电路提供结构支持的材料
介质损耗（Dielectric Loss）	由于信号速度的问题而发生的一种损失干扰
金属后循环（Post-Metal Cycling）	在晶圆制造过程的后道工序（BEOL）部分反复使用的一套常见的沉积、图形化、移除和物理性质改变过程，据此将通常由铝或铜制成的金属互连材料沉积在由电介质材料分隔的层中，以形成单个元件和更广泛的系统电路之间的金属互连
金属前循环（Pre-Metal Cycling）	在晶圆制造过程的前道工序（FEOL）部分使用的一套常见的沉积、图形化、移除和物理性质改变工艺，把晶体管直接刻蚀到晶圆本身
金属氧化物半导体场效应晶体管（MOSFET）	一种使用电压来控制栅极的场效应晶体管。它有三个部分——源极、栅极和漏极
晶片（Wafer）	用于制造集成电路片的圆形薄片，通常由硅晶体制成。它们通常有硬的切割边缘，以便在制造过程中处理
晶片切割（Wafer Dicing）	后端制造工艺，使用金刚石锯从成品晶圆上切割单个芯片，然后送至后端设施进行封装和组装
晶体管（Transistor）	阻止或允许电流流过的电子开关。晶体管被组合起来制成逻辑门，构成了数字电子电路的骨干
晶圆测试（Wafer Testing）	一种测试方法，确保每个单独的芯片都没有缺陷，而且功能齐全。晶圆测试使晶圆厂能够识别出需要处理的功能不良的芯片，测量性能，并跟踪反复出现的错误，以便改进工艺

（续）

术　语	定　义
晶圆厂（Foundry）	严格执行半导体制造的公司。该术语也可以指半导体制造厂本身。也叫代工厂
晶圆级封装（WLP）	集成电路（IC）封装，在晶圆被切开之前就开始封装过程，导致芯片封装面积较小，约为芯片本身的大小。也称为芯片级封装（CSP）
晶圆检测（Wafer Probing）	一种后期的前端制造工艺，在最后的封装、组装和测试之前，用晶圆检测仪对晶圆芯片进行电气测试
晶圆检测仪（Wafer Prober）	在最后的封装、组装和测试之前，用来对晶圆芯片进行电气测试的设备
晶圆凸点（Wafer Bumping）	一种后端制造工艺，芯片通过直接焊接在晶圆上的小金属球（或凸点）直接与其他元件连接。这个步骤只针对特定种类的芯片-封装组件进行
晶圆生产（Wafer Run）	在晶圆厂或代工厂中，从晶圆制造到晶圆切割的整个过程
晶圆制造（Wafer Fabrication）	一套复杂的制造工艺，用于在半导体工厂或铸造厂生产"印"在平坦的圆形硅片上的完全完成的集成电路"片"
精简指令集计算（RISC）	一种使用标准的、单时钟周期的比较短的 ISA 指令
静态时序分析（STA）	一种常见的模拟方法，用于计算和验证数字电路的预期时序
矩阵（Matrix）	用于机器学习计算的大的数组
绝缘体（Insulator）	导电性低的材料，可防止电流轻易通过
开放系统互连（OSI）模型(Open Systems Interconnection Model)	连接和电信中使用的概念框架，用于描述电子设备和网络系统的内部运作
开机指令（Booting Instructions）	告诉计算机开启的具体计算指令
开源（Open Source）	一种可公开获取的标准或技术，在独特的产品或服务中使用时不需要支付许可费。在硬件方面，像 RISC-V 这样的开源 ISA 可以作为一个基础的宏观架构，设计团队可以围绕这个架构来构建电路。在软件方面，像 GitHub 这样的工具提供了对其他用户和开源软件公司构建的开源软件的便捷访问
控制单元（Control Unit）	CPU 的一个部分，决定应该使用哪些指令
控制总线（Control Bus）	帮助处理器控制系统不同部分操作的总线接口
快速热退火（Rapid Thermal Annealing）	一种改变性质的制造工艺，将硅片在短时间内加热到极高的温度，从而帮助激活掺杂物
框图（Block Diagram）	使用示意图和形状来显示复杂系统和过程中相关对象之间的关系。常用于电气工程中，描述电路和其他设备
离子注入（Ion Implantation）	掺杂过程的一个部分，据此将掺杂物或杂质射入晶圆表面之下。也称为"离子导入"
连接垫（Pads）	电路板或集成电路上的指定区域，用于诸如焊接、线连接或芯片安装
联邦通信委员会（FCC）	严格管理谁可以使用哪些频率范围（频段）进行哪些类型通信的政府机构，以防止相互干扰信号

（续）

术　　语	定　　义
良率（Yield）	用来衡量一组特定的制造工艺或晶圆生产的产品成功率的统计数字。良率有两种类型，包括生产线良率和芯片良率，它们共同衡量端到端的良率
良率优化（Yield Optimization）	一套关键的实际操作、反馈机制和测试过程，目标是最大限度地提高良率，降低单位制造成本，并提高利润率
量子比特（Qubit）	一个量子计算单位，在任何时候都可以作为0、1或两者的组合而存在
量子计算（Quantum Computing）	计算和计算系统的一个领域，它利用量子比特的叠加和一种叫作量子纠缠的现象（即两个粒子在一定距离内相互联系），执行指数级的计算，比现代计算机所能处理的计算复杂得多。特别适合于密码学、机器学习、大数据、医学和材料科学的应用
量子晶体管（Quantum Transistor）	利用量子隧穿和量子纠缠来处理和存储信息的晶体管
量子纠缠（Quantum Entanglement）	两个粒子在一定距离内相互联系的一种现象。纠缠是量子计算机用来执行指数级计算（比现代计算机所能处理的计算复杂得多）的一种关键现象
量子隧穿效应（Quantum Tunneling）	一种量子现象，即一个电子可以在物理屏障的一侧消失，而在另一侧出现
量子优势（Quantum Supremacy）	指这样的一个时间点：在某项任务上，根据量子物理学定律运行的量子计算机比使用经典物理学（比如牛顿运动定律）运行的经典计算机表现得更好
漏极（Drain）	晶体管中电流的流出端
滤波器（Filter）	一种电子元件，它让预定频率的信号进入系统，并将非预定频率的信号挡在外面
逻辑门（Logic Gate）	由晶体管制成的单元，将布尔逻辑应用于输入数据信号，并阻止或释放输出信号到系统的下一个门。共有7种类型的逻辑门——与（AND）、或（OR）、异或（XOR）、非（NOT）、与非（NAND）、或非（NOR）和异或非（XNOR）
逻辑器件（Logic Device）	为特定应用定制设计的集成电路。SIA框架中的逻辑IC部分包括所有非微型元件数字逻辑，包括特定应用集成电路（ASIC），现场可编程门阵列（FPGA），以及更多通用但特定应用的数字逻辑器件
逻辑设计（Logic Design）	基于布尔逻辑门的数字计算机的基本电路设计，也称为RTL设计
逻辑设计工程师（Logic Design Engineer）	这种工程师的职责是，通过使用寄存器传输级（RTL）设计语言设计电路的核心逻辑和功能，来实现系统架构师的要求
码分多址（CDMA）	一种多接入标准技术，使用算法对数字化的语音比特或其他数据进行编码，并在更宽的信道（更大的频率范围）上传输，然后在接收端进行"解码"
美国半导体行业协会（SIA）	领先的半导体贸易协会和游说团体，成立于1977年。他们对关键的发展和趋势进行深入、全面的行业分析
模/数转换器（ADC）	一种数据转换器，把模拟信号中的信息编码转换为数字格式
模拟电子学（Analog Electronics）	专门研究模拟信号以及控制和处理这些信号元件的电子学领域

（续）

术　语	定　义
模拟信号（Analog Signals）	可以在空间中传输信息的电磁"波"能量。通常按波长和频率分类
模制的底部填充物（Molded Underfills）	用于帮助封装 IC 封装中的成品芯片的特殊材料，以形成完整的芯片－封装组件
摩尔定律（Moore's Law）	1965 年，英特尔公司的创始人戈登·摩尔预言，在计算机成本减半的同时，微芯片上可容纳的晶体管数量将每两年翻一番
墨迹（Inking）	在这个过程中，有缺陷的模块通常会被标上一个黑点，这样它们就可以被扔掉，或者在仍有部分功能时按折扣价出售
母线（Bus-bar）	用于连接处理器和电子系统的各个部分的线束。该术语主要用于早期的个人计算
纳米（nm）	测量微电子学中特征尺寸的基本单位。相当于 10^{-9} 米
纳米片晶体管（Nanosheet Transistor）	一种 GAA 场效应晶体管，具有凸起的栅极结构和宽的"片状"通道
纳米线晶体管（Nanowire Transistor）	一种 GAA 场效应晶体管，具有凸起的栅极结构和细的"线状"通道
南桥（Southbridge）	一个总线接口，通过 I/O 控制器枢纽（ICH）将北桥连接到所有低优先级的组件和接口，如以太网、USB 和其他低速总线
内核（Kernel）	处于计算机操作系统核心的计算机程序，位于操作系统和硬件之间
欧姆（Ω）	电阻的基本单位。衡量一个电路中对电流流动的阻力大小
配电网络（PDN）	一个由金属平面、电压调节器和电源转换器组成的网络，将电荷和电压从电源输送到集成电路或电子系统的不同处理中心
片上系统（SoC）	一种集成电路（IC），在单个基片上包括整个系统（SoC）
频段（Frequency Band）	用于某个特定目的或应用的特定频率范围，也称为带宽或通道
频率（Frequency）	一个模拟信号波在特定时间内完成一个上升和下降的周期，或重复的次数
平面制造（Planar Manufacturing）	一套制造方法和工艺，使公司能够在同一基片（硅片）上同时制造成千上万的集成电路。平面制造是 1960 年代由仙童半导体公司的让·胡尔尼发明的
平台层（Platform Layer）	宏系统堆中的一个层，包含由内核和设备驱动程序支持的操作系统
前道工序（Front-End of the Line，FEOL）	前端制造工艺的一部分，晶体管被直接刻蚀到晶圆本身，也称为制造过程的"金属前"部分
前端设计（Front-End Design）	半导体设计流程中的一个步骤，在进入后端设计过程之前，收集系统需求并开发和验证详细的原理图。通常称为 RTL 设计
前端制造（Front-End Manufacturing）	封装和装配前的多步骤过程，在硅片上刻蚀电路图案，并通过全局互联和局部互连将元件相互连接，也叫晶圆制造
前端总线（FSB）	连接 CPU 和北桥的总线接口，北桥连接具有最高性能要求的组件，如内存和图形模块
强相互作用力（Strong Force）	自然界的四种基本力之一。它负责将组成原子核的中子和质子固定在一起，尽管质子有相同的电荷

术　语	定　义
球栅阵列（BGA）	一种表面贴装技术，使用焊球的网格将芯片-封装组件连接到 PCB 上
全包围栅极（GAA）晶体管（Gate All Around Transistor）	一种场效应晶体管，其凸起的栅极结构覆盖了通道的所有四面，使晶体管对电流的控制更强，消耗的功率更少，并且减少了电流的泄漏
全球移动通信系统（GSM）	是全球通信网络的主要标准。GSM 是使用 TDMA 技术建立的
人工智能（Artificial Intelligence）	一个广泛的研究领域，致力于建立计算机系统，可以执行通常留给人类的"智能"任务。机器学习和深度学习是人工智能的类型
人脑项目（HBP）	一个被广泛认可的研究项目，专注于建立我们对神经科学和计算的理解
三维晶体管（3D Transistors）	晶体管具有凸起的栅极结构，在三个或四个侧面与通道接触，例如 Fin-FET 和 GAA 晶体管
烧录（对存储器）（Burning（to memory））	可编程只读存储器（PROM）被编程为一组数据的过程
设备驱动程序（Device Driver）	一种特殊的计算机程序，在更大的计算机系统中操作一种特定的设备或模块。例如，打印机驱动、图形驱动、声卡驱动和网卡驱动
设计规则检查器（DRC）	一种 EDA 工具，用于验证芯片设计是否符合所选代工厂的所有规则
设计验证（Design Verification）	在硅设计过程中的一个关键步骤，前端设计要经过一个或多个验证过程，以确保它能按预期执行。这些过程可以包括形式验证、功能验证和仿真
射频集成电路（RFIC）	一种用于发射和接收无线射频信号的特定电路
砷化镓（GaAs）	一种由镓和砷制成的半导体化合物，用于制造电子装置。它虽然易碎，而且比硅更难制造，但是通常用于专门的应用，如手机的高频信号处理和激光器及照明系统的发光二极管
深度学习（Deep Learning）	一种特定的机器学习，使用算法来构建类似大脑的神经元网络（称为人工神经网络）
神经晶体管（Neurotransistor）	可以同时存储和处理信息的晶体管，同时大大提高了处理速度，并表现出像人脑那样的可塑性和学习的特点
神经形态计算技术（Neuromorphic Computing Technology）	模拟神经系统等生物处理中心的技术，努力创造一种新的计算范式
生产线良率（Line Yield）	衡量成功进入晶圆检测阶段而没有被扔掉的晶圆数量，也称为"晶圆良率"
失效分析（Failure Analysis）	监测生产和系统分析低性能或关键故障的做法，以推动工艺改进和提高良率
失效分析工程师（Failure Analysis Engineer）	监测生产并系统地分析低性能或关键故障的工程师，以推动工艺改进和提高良率
失真（Distortion）	当信号模式被破坏或扭曲时发生的一种干扰。在极端情况下，失真可能非常严重，以至于把不正确的数据传递到接收器
湿法刻蚀（Wet Etching）	一种移除过程，使用液体化学品清洗掉不再需要的光刻胶材料
石墨烯（Graphene）	一种厚度仅为 1 个原子的材料，坚固得令人难以置信。石墨烯有可能解决硅无法解决的量子隧穿问题

（续）

术　语	定　义
时分多址（TDMA）	一种多路接入标准技术，使用多路复用将呼叫分解成同步的小块并进行传输，最大限度地利用现有带宽
时钟边缘（Clock Edge）	在一个特定的时钟周期内发送的信号的开始点和结束点，也称为捕获边缘
时钟频率（Clock Frequency）	由振荡器产生的用于同步微处理器操作的每秒信号脉冲数。以赫兹（Hz）衡量，也称为时钟速率或时钟速度
时钟树合成（CTS）	后端设计过程中的一个阶段，物理设计工程师确保在电路周围传递信息的电信号在整个芯片中均匀地或按预期的方式"计时"
时钟周期（Clock Cycle）	处理器的振荡器的两个脉冲之间的时间
世界半导体贸易统计组织（WSTS）	领先的非营利组织，为半导体行业汇编关键收入和产品类别的销售数据
数/模转换器（DAC）	将数字信号编码的信息转换为模拟格式的数据转换器
数据传输率（DTR）	在特定时间内从一个地方移动到另一个地方的比特数量。通常表示为比特数每秒
数据中心（Data Center）	巨大的房间或仓库充满了几百或数千台服务器，用于存储数据，托管应用程序，并为消费者和企业提高容量，让他们不用投资和管理所有自己的基础设施
数据转换器（Data Converter）	能够把数据转换为不同信号类型的电子设备
数据总线（Data Bus）	向微处理器传输数据的总线接口
数字电子学（Digital Electronics）	电子学的一个领域，研究数字信号和控制及处理这些信号的元件
数字信号（Digital Signal）	沿着传输线传播的电脉冲，在整个电子系统中从一个地方到另一个地方传输信息
数字信号处理器（DSP）	用于处理多媒体和现实世界信号的处理器，如声音、图像、温度、压力、位置等
双倍数据速率的RAM（DDR）	一种DRAM，与前几代DRAM相比，数据传输速度大大增加
双极型结式晶体管（BJT）	一种使用电流控制基极的晶体管。它有三个部分——基极、发射极和集电极（类似于MOSFET晶体管的源极、栅极和漏极）
双极型制造（Bipolar Manufacturing）	用于制造特定类型集成电路和晶体管的专门制造技术
算术逻辑单元（ALU）	中央处理器的一部分，执行所有的数字和逻辑操作。运行处理器旨在提供的软件程序所需的逻辑操作
随机存取存储器（RAM）	一种存储器，允许处理器读取或接收输入数据，并将输出数据写入或"交付"给存储器。RAM被用作运行程序的工作存储器，并将临时数据存储在靠近CPU的地方，以便快速访问
损耗（Loss）	当能量由于一些原因分散到环境中时发生的一种干扰。三种损耗包括电阻损耗、电介质损耗和辐射损耗
碳纳米管（Carbon Nanotubes）	由卷起的石墨烯片制成的结构，在不远的将来有可能成为硅晶体管的替代品

（续）

术　语	定　义
特定应用标准件（ASSP）	一种逻辑设备，其设计和集成到系统中的方式与特定应用集成电路（ASIC）相同。这里的术语"标准件"只是意味着同一部件可以用于许多不同的产品
特定应用标准产品（ASSPs）	为特定应用设计的模拟 IC，类似于 SIA 框架的逻辑部分
特定应用集成电路（ASIC）	一种逻辑器件，为单个系统的特定用途而设计和优化
天线（Antenna）	接收信号或发射信号给其他系统的电子元件。许多天线可以同时充当这两种角色，交替实现发射器和接收器的功能
调试（Debugging）	修复在验证过程中发现的设计问题的一种方法
调制（Modulation）	通过改变频率或振幅将数字信息编码到模拟载波信号的过程。调制是允许数字信息以无线方式发送的原因
调制解调器（Modem）	一种具有调制器和解调器的设备，可以同时执行调制和解调算法，能够快速地执行模/数和数/模信号转换
调制器（Modulator）	用数字信息对模拟载波信号进行编码的设备，与解调器相反
通道（Channel）	晶体管栅极下方的通路，电流可以流过
通用验证方法（UVM）	一种做验证的方式，验证工程师为每个系统模块建立一个模型，然后将设计的输出与该模型进行比较，以确定电路的行为是否符合预期
同步设计（Synchronous Design）	一种设计方法，在所有电路中使用一个共同的"时钟"，以便所有信号在正确的时间到达电路的相关部分
铜混合键合（Coppor Hybrid Bonding）	芯片堆叠技术，使用铜对铜的互连来连接堆叠的芯片，具有更大的互连密度和更低的电阻，与传统的硅通孔（TSV）相比，能够实现更快的数据传输和更快的处理速度
图形处理单元（GPU）	一种特殊的处理器，最著名的是驱动电子设备中的图形和三维视觉处理。与 CPU 不同，GPU 使用并行处理来进行计算
图形化（Patterning）	在半导体制造过程中，塑造或改变晶圆表面材料的一系列工艺
瓦特（W）	功率的基本单位。它衡量电子电路在单位时间里做的功，对应于一伏特电压"推动"了一安培电流
网表（Netlist）	一个电路中的电子元件和它们所连接的所有节点的详细列表。它来自用寄存器传输级（RTL）代码编写的前端设计，用于指导后端物理设计
微波（Microwaves）	一组特殊的模拟"波"信号，位于电磁波谱上的一个频率范围内。微波的频率比无线电波高，但比红外线和可见光的频率低
微处理器（MPU）	执行一般计算功能的计算机处理器，需要外部总线连接到内存和其他外围元件
微电子机械系统（MEMS）	在微观尺度上操作齿轮或杠杆的微小机械装置，使用半导体制造技术制造
微架构（Microarchitecture）	描述了高层宏观架构或特定指令集架构（ISA）在硬件本身中实际实现的方式

（续）

术 语	定 义
微控制器（Microcontroller）	一种执行特定功能的计算机处理器，与存储器和I/O连接全部集成在一个芯片上。微控制器比微处理器更小，功能更少，可以作为简单操作的即插即用的计算能力
微米（Micron）	10^{-6}米
微型元件（Micro Components）	所有可插入另一系统并用于计算或信号处理的非定制数字设备，如通用数字子组件。例子包括微处理器、微控制器和数字信号处理器（DSP）
位置规划（Floor Planning）	后端设计过程中的一个阶段，物理设计工程师决定每个块或模块在整个系统中的位置
无厂化设计公司（Fabless Design Companies）	设计但不制造自己的芯片的半导体公司
无线电频率（RF）	一组特殊的模拟"波"信号，位于电磁波谱的一段频率之内。常用于广播、网络和无线通信
物理层（PHY Layer）	OSI模型中的第1层和宏系统堆中的第2层。它是将数据本身（一串1和0的字符串）传输到底层处理硬件的那一层
物理气相沉积（PVD）	一类沉积技术，用于在半导体制造过程中在硅片表面沉积薄膜。PVD在温度明显低于化学气相沉积（CVD）的情况下进行，使用气态的薄膜材料
物理设计（Physical Design）	一个多阶段的过程，使前端设计通过后端设计过程的许多阶段，直到它可以用于制造
物理设计工程师（Physical Design Engineer）	工程师负责保证前端设计满足后端设计过程的各种要求，直到可以用于制造
系统公司（System Companies）	像苹果或谷歌这样的终端产品公司，已经开始在内部设计他们自己的定制处理器
系统集成（System Integration）	将最终的电路或芯片-封装连接到最终产品或设备的过程
系统架构（System Level Architecture）	根据用户要求或市场需求，在高层次设置芯片的预期目标，并给出用于制造芯片的系统模块、设计技术、材料和元件的粗略蓝图
系统架构师（System Architect）	有长期职位的工程师，负责根据用户要求或市场需求，对其团队要设计的芯片形成一个高层次的概念，并确定用什么技术、材料和部件来制造
系统总线（System Bus）	三个总线接口的集合——数据总线、地址总线和控制总线——共同控制进出CPU或微处理器的信息流
线连接（Wire Bonding）	在这个过程中，芯片通过通往封装外围的小线与系统的其他部分相连，与系统的其他部分形成互连（I/O）
芯片（Die）	单个的集成电路。见集成电路
芯片-封装组件（Die-Package Assembly）	芯片和封装它的保护性塑料或陶瓷IC封装的组合结构
芯片的良率（Die Yield）	芯片的合格率，用功能正常的芯片数量除以进入晶圆检测的潜在芯片总数
芯片级封装（Chip-Scale Packaging）	集成电路（IC）封装，在晶圆被切开之前就开始封装过程，形成较小的芯片封装面积，大约为芯片本身的大小，也称为晶圆级封装
芯片连接（Die Bonding）	将新切割的模块贴在包装基材上或直接贴在PCB上的一套工艺。也称为"贴片"

术　语	定　义
芯片录出（Chip Tapeout）	创建并向代工厂发送 GDS 文件的过程，也可以简单地称为"录出"
芯片组（Chipset）	总线接口的配置和它们连接的微处理器，也称为芯片组架构
信号完整性（Signal Integrity）	衡量电信号质量的一种方法
信号完整性工程师（Signal Integrity Engineer）	进行电磁模拟和分析的工程师，在潜在的信号完整性问题出现之前，确定并解决这些问题
信号压缩（Signal Compression）	DSP 用于缩小发送特定信息所需的带宽的技术和算法
形式化验证（Formal Verification）	一种验证方法，使用数学推理和证明来代替仿真，以验证 RTL 设计将执行其预期功能
形状因子（Form Factor）	器件的尺寸、形状和面积
验证工程师（Verification Engineer）	负责验证前端设计是否能达到预期功能的工程师
阳极（Anode）	带负电的电极，由电子"过剩"的材料组成。它构成了电池的负极，并将电子通过电路流向另一侧的阴极
氧化（Oxidation）	将晶圆在炉中与氧化气体一起加热，以帮助在其表面沉积薄膜材料层的过程
一体化集成（同质集成）（Monolithic Integration（Homogenous Integration））	一种系统集成策略，在单个集成电路上包括许多功能模块，产生一个功能齐全的系统，称为 SoC（片上系统）
移除过程（Removal Processes）	在半导体制造过程中，从晶圆表面去除"薄膜"材料的一系列工艺
异质集成（Heterogeneous Integration）	一种系统集成策略，许多芯片在同一个板（PCB）上或同一封装内集成
易失性存储器（Volatile Memory）	必须有电源才能存储数据的存储器
阴极（Cathode）	带正电的电极，由"需要"电子的材料组成。它构成了电池的正极，接受从另一侧的阳极流过电路的电子
印制电路板（PCB）	一种层压板，集成电路和其他电子元件可以在上面焊接并相互连接，为整个系统提供机械支持
应变工程（Strain Engineering）	一种工程技术，将特定材料中的原子彼此拉开，使电子更容易通过，并减少电路的热量释放
应用层（Application Layer）	OSI 模型中的第 7 层。它包含了用户界面，并描述了网络的终端用户实际看到的东西
硬件层（Hardware Layer）	宏系统堆中的一层，包括构成电子系统基础的核心处理硬件和电路
硬件抽象层（Hardware Abstraction Layer）	宏系统堆中的一个层，提供软件到硬件的接口
硬件描述语言（HDL）	专门的计算机"编程"语言，用于描述集成电路和电子系统的物理结构。VHDL、Verilog、HDL 和 SystemVerilog 是广泛使用的 HDL 的例子

（续）

术　　语	定　　义
硬件设施加速器（Hardware Accelerator）	专门的硬件模块或电路，为特定的计算任务而优化。也可以简单地称为"加速器"
硬盘驱动器（HDD）	由带读/写臂的磁片构成的辅助存储器，可以无限期地存储数据
用户界面（User Interface）	终端用户与某个系统互动的连接点
与门（AND Gate）	一种逻辑门，需要同时满足两个输入条件才让信号通过
原子层沉积（ALD）	一种化学沉积技术，在半导体制造过程中，用于在硅片表面沉积薄膜。化学气相沉积（CVD）的一种类型
源极（Source）	晶体管的电流流入端
云计算（Cloud Computing）	使用存储在数据中心并通过服务网络访问的汇集计算能力
杂质（Impurities）	添加到半导体中以改变半导体导电性的一种化学杂质，也称为掺杂物
载波信号（Carrier Signal）	模拟"波"信号，用于在相当长的距离内对数字信息进行编码和无线传输
噪声（Noise）	不属于信号的能量就是噪声，它们会干扰正在传输的信号
增益（Gain）	当一个信号通过一个电子元件（如放大器）后变得更大、更强
栅极（Gate）	晶体管的基极，位于源极和漏极之间。它保护通道并决定是否让信号通过
栅极长度（Gate Length）	晶体管内部源极和漏极之间的距离
锗（Germanium）	一种用于制造电子设备的半导体元素（Ge，周期表上的 32 号元素）。它在早期用来制造晶体管，然后被更便宜、性能更高的硅晶体管取代。它仍然用于特定的设备，如高频和高功率设备，以及一些音频电子产品
真空管（Vacuum Tube）	一种含有电极的玻璃管或金属外壳，可以控制电子的流动。真空管被用于早期的计算应用，如20世纪40年代的ENIAC，但由于其脆弱性，随着晶体管的出现而被迅速取代。今天，它们仍用于微波炉和音频设备等特定应用中
真空室（Vacuum Chamber）	用于在半导体制造的沉积过程中减少污染物颗粒的设备
振荡器（Oscillator）	任何信号发射装置。在无线电子技术中，振荡器是作为传输信息的"载波"的射频波信号的来源
振幅（Amplitude）	模拟"波"信号的高度
直流电（DC）	电流只向一个方向流动。最适合为电视机和吸尘器等低功率的终端应用供电。需要用电源适配器把插座里的交流电（AC）转换为家用电器所需的直流电（DC）
只读存储器（ROM）	非易失性存储器，只能被编程一次，不容易重新利用。ROM 用于永久性数据存储
指令集架构（ISA）	定义一个特定系统必须能够执行哪些类型指令的宏观架构
指令流水线（Instruction Pipelining）	一种加速任务的方法，把冗长的工作流程分解为较小的并行任务，可以提高处理速度而不需要额外的流程
质子（Proton）	一种带正电的亚原子粒子，与中子一起出现在每个原子的原子核中。它的质量与中子差不多

（续）

术　语	定　义
中间件层（Middleware Layer）	宏系统堆中的一个层，包含后端应用框架和软件逻辑，为一个特定的软件程序提供动力
中介板（Interposer）	位于基础基片之上的中间基片，作为两个或多个芯片之间的连接，并与系统的其他部分相连
中央处理器（CPU）	一种逻辑器件和微处理器，作为大多数复杂计算系统的主要处理中心
中子（Neutron）	一种中性的亚原子粒子，与质子一起存在于每个原子的原子核中。它的质量与质子差不多
周边总线（Peripheral Buses）	性能较低的非北桥总线接口，如以太网、USB、PCI、BIOS 等
主存储器（Primary Memory）	计算机的主要工作存储器。主存储器可以被处理器更快地访问，但容量有限，通常比辅助存储器更昂贵
转移模塑（Transfer Molding）	一种工艺，使用熔化的树脂，将已完成的芯片或其他半导体元件封装在集成电路包装中
紫外光处理（UVP）	一种改变性质的制造工艺，通过将晶圆暴露在紫外线下改变其电性能
总线地址（Address Bus）	帮助处理器寻找特定数据的总线接口
总线接口（Bus Interface）	数据在一个系统或 PCB 的不同组件之间传输的实体导线

参 考 文 献

［1］ Ada, L.（2013, June 4）. What is an ampere? Retrieved September 2, 2021, from https://learn. adafruit. com/circuit-playground-a-is-for-ampere/what-is-an-ampere

［2］ Ahmed, Z.（n. d.）. Flip Chip Bonding. Microelectronic Packaging Facility. Retrieved July 27, 2021, from https://advpackaging. co. uk/flip-chip#: ~: text = Flip% 20chip% 20is% 20a% 20die, down%20onto%20the%20substrate%2Fpackage

［3］ Allen, D.（2021, February 22）. China's Computer Chip Industry Plays Catch Up. EastWestBank ReachFurther. Retrieved September 2, 2021, from www. eastwestbank. com/ReachFurther/en/News/Article/Chinas-Computer-Chip-Industry-Plays-Catch-Up

［4］ Altera.（2007）. Basic Principles of Signal Integrity. Intel. Retrieved July 27, 2021, from www. intel. de/content/dam/www/programmable/us/en/pdfs/literature/wp/wp_sgnlntgry. pdf

［5］ Ammann, L.（2003, March 11）. The package interconnect selection quandary. EETimes. Retrieved July 27, 2021, from www. eetimes. com/the-package-interconnect-selection-quandary/

［6］ Analog Devices.（n. d.）. A Beginner's Guide to Digital Signal Processing（DSP）. analog. com. Retrieved July 28, 2021, from www. analog. com/en/design-center/landing-pages/001/beginners-guide-to-dsp. html

［7］ Angelov, G. V., Nikolov, D. N., & Hristov, M. H.（2019, November 3）. Technology and Modeling of Nonclassical Transistor Devices. Journal of Electrical and Computer Engineering. Retrieved September 2, 2021, from www. hindawi. com/journals/jece/2019/4792461/

［8］ AnySilicon.（2021, April 13）. Does size matter? Understanding wafer size. AnySilicon. com. Retrieved July 27, 2021, from https://anysilicon. com/does-size-matter-understanding-wafer-size/

［9］ Apple Newsroom.（2022, June 29）. Apple unveils M1 Ultra, the world's most powerful chip for a personal computer. Apple Newsroom. Retrieved August 1, 2022, from www. apple. com/newsroom/2022/03/apple-unveils-m1-ultra-the-worlds-most-powerful-chip-for-a-personal-computer/

［10］ armDeveloper.（n. d.）. Harvard vs von Neumann Architectures. Retrieved September 2, 2021, from https://developer. arm. com/documentation/ka002816/latest

［11］ Aruvian Research.（2019, August）. Analyzing the Global Semiconductors Industry 2019. Research and Markets. Retrieved December 29, 2020, from www. researchandmarkets. com/reports/4825860/analyzing-the-global-semiconductors-industry-2019?utm_source = CI&utm_medium = PressRelease&utm _ code = sx8523&utm _ campaign = 1286387% 2B -% 2BGlobal% 2BSemiconductors%2BIndustry%2BReport%2B2019%3A%2BSales%2Bare%2BExpected%2Bto% 2BKeep%2BGrowing%2Bto%2BCross%2BUS%24572%2BBillion%2Bby%2Bthe%2BEnd%2Bof% 2B2022&utm_exec=chdo54prd

［12］ ASML.（2022）. ASML EUV Lithography Systems. ASML. Retrieved January 17, 2022, from www. asml. com/en/products/euv-lithography-systems

［13］ Backer, K. D., Huang, R. J., Lertchaitawee, M., Mancini, M., & Tan, C.（2018, May 2）. Taking the next leap forward in semiconductor yield improvement. McKinsey & Company.

Retrieved July 27, 2021, from www. mckinsey. com/industries/semiconductors/our-insights/taking-the-next-leap-forward-in-semiconductor-yield-improvement

[14] Baek, E. , Das, N. R. , Cannistraci, C. V. , Rim, T. , Bermúdez, G. S. C. , Nych, K. , Cho, H. , Kim, K. , Baek, C. -K. , Makarov, D. , Tetzlaff, R. , Chua, L. , Baraban, L. , & Cuniberti, G. (2020, May 25). Intrinsic plasticity of silicon nanowire neurotransistors for dynamic memory and learning functions. Nature News. Retrieved September 2, 2021, from www. nature. com/articles/s41928-020-0412-1

[15] Bartley, K. (2021, February 16). Big Data Statistics: How Much Data is There in the world? Rivery. Retrieved September 1, 2021, from https://rivery. io/blog/big-data-statistics-how-much-data-is-there-in-the-world/

[16] Bauer, H. , Burkacky, O. , Kenevan, P. , Mahindroo, A. , & Patel, M. (2020, April 14). Coronavirus: Implications for the semiconductor industry. McKinsey & Company. Retrieved September 2, 2021, from www. mckinsey. com/industries/semiconductors/our-insights/coronavirus-implications-for-the-semiconductor-industry

[17] BBC. (n. d.). Architecture. BBC News. Retrieved September 2, 2021, from www. bbc. co. uk/bitesize/guides/zhppfcw/revision/3

[18] BBC. (n. d.). What is electricity? BBC Bitesize. Retrieved September 2, 2021, from www. bbc. co. uk/bitesize/topics/zgy39j6/articles/z8mxgdm

[19] Beaty, W. (1999). Electricity is Not a Form of Energy. amasci. com. Retrieved September 2, 2021, from http://amasci. com/miscon/energ1. html

[20] Benchoff, B. (2019, November 7). Quantum Transistors: New Advances In Manufacturing Electronics. medium. com. Retrieved September 2, 2021, from https://medium. com/supplyframe-hardware/quantum-transistors-new-advances-in-manufacturing-electronics-63b1a53894e6

[21] Bisht, H. S. (2022, January 13). Computer Organization: RISC and CISC. GeeksforGeeks. Retrieved July 12, 2022, from www. geeksforgeeks. org/computer-organization-risc-and-cisc/

[22] Blaabjerg, F. (2018). Control of Power Electronic Converters and Systems: Volume 1. Elsevier Science

[23] Borth, D. E. (2018, August 28). Modem. Encyclopædia Britannica. Retrieved September 1, 2021, from www. britannica. com/technology/modem

[24] Bourzac, K. (2019, February 19). Carbon nanotube computers face a make-or-break moment. C&EN. Retrieved September 2, 2021, from https://cen. acs. org/materials/electronic-materials/Carbon-nanotube-computers-face-makebreak/97/i8

[25] Brant, T. (2020, November 11). Quantum Computing: A Bubble Ready to Burst?PCMAG. Retrieved September 2, 2021, from www. pcmag. com/news/quantum-computing-a-bubble-ready-to-burst

[26] Brant, T. (2020, September 2). SSD vs. HDD: What's the Difference? PCMAG. Retrieved July 28, 2021, from www. pcmag. com/news/ssd-vs-hdd-whats-the-difference

[27] Breed, G. (2010, July). Signal Integrity Basics: Digital Signals on Transmission Lines. High Frequencey Electronics. Retrieved July 27, 2021, from www. highfrequencyelectronics. com/Jul10/

HFE0710_Tutorial. pdf

[28] Brown, G. A. ,Zeitzoff, P. M. , Bersuker, G. , & Huff, H. R. （2004）. Scaling CMOS Materials & devices. Materials Today, 7（1）, 20–25. https：//doi. org/10. 1016/s1369–7021（03）00050–6

[29] Cadence PCB Solutions. （2019）. FPGA vs. ASIC: Differences and Choosing Best for Your Business. cadence. com. Retrieved July 28, 2021, from https：//resources. pcb. cadence. com/blog/2019–fpga–vs–asic–differences–and–choosing–best–for–your–business

[30] Calhoun, G. （2020, August 2）. Intel, Nvidia, Et Al. , And American Semiconductor Hegemony. Forbes. Retrieved September 2, 2021, from www. forbes. com/sites/georgecalhoun/2020/08/02/intel–nvidia–et–al–and–american–semiconductor–hegemony/?sh=72013a34c298

[31] Caulfield, B. （2009, December 16）. What's the Difference Between a CPU and a GPU? NVIDIA Blog. Retrieved July 28, 2021, from https：//blogs. nvidia. com/blog/2009/12/16/whats–the–difference–between–a–cpu–and–a–gpu/

[32] Chang, Y. –W. , Cheng, K. –T. , & Wang, L. –T. （2009）. Electronic design automation: synthesis, verification, and test. Elsevier, Morgan Kaufmann

[33] Channel MOSFET Basics. Learning about Electronics. （2018）. Retrieved March 29, 2021, from http：//www. learningaboutelectronics. com/Articles/N–Channel–MOSFETs

[34] Clarke, P. （2021, January 18）. Semiconductor market shakes off 2020 Covid–19 gloom. eeNews Europe. Retrieved September 2, 2021, from www. eenewseurope. com/news/semiconductor–market–2020–covid–19

[35] Cloudflare. （n. d. ）. What is the OSI Model?. Retrieved January 17, 2022, from www. cloudflare. com/learning/ddos/glossary/open–systems–interconnection–model–osi/

[36] Columbus, L. （2020, January 19）. RoundupOf Machine Learning Forecasts And Market Estimates, 2020. Forbes. Retrieved September 2, 2021, from www. forbes. com/sites/louiscolumbus/2020/01/19/roundup–of–machine–learning–forecasts–and–market–estimates–2020/? sh = 5bd5326c5c02

[37] Commscope. （2018）. Understanding the RF path. commscope. com. Retrieved September 1, 2021, from www. commscope. com/globalassets/digizuite/3221–rf–path–ebook–eb–112900–en. pdf

[38] Cross, T. （2016, February 25）. After Moore's law | Technology Quarterly. The Economist. Retrieved April 3, 2021, from www. economist. com/technology–quarterly/2016–03–12/after–moores–law

[39] Design And Reuse. （2021, January 13）. Value of Semiconductor Industry M&A Agreements Sets Record in 2020. Retrieved January 17, 2022, from www. design–reuse. com/news/49290/2020–semiconductor–industry–merge–acquisition–agreements. html

[40] Dsouza, J. （2020, April 25）. What is a GPU and do you need one in Deep Learning? towardsdatascience. com. Retrieved July 28, 2021, from https：//towardsdatascience. com/what–is–a–gpu–and–do–you–need–one–in–deep–learning–718b9597aa0d

[41] EETimes. （2003, October 24）. Maxim buys philips' fab in Texas for $40 million. EETimes. Retrieved July 27, 2021, from www. eetimes. com/maxim–buys–philips–fab–in–texas–for–40–million–2/

［42］ Electrical4U. （2020, October 23）. Electric Potential. Retrieved February 20, 2022, from www. electrical4u. com/electric-potential/

［43］ Electronics Tutorials. （2021, July 19）. Bipolar Transistor. electronicstutorials. com. Retrieved January 17, 2022, from www. electronics-tutorials. ws/transistor/tran_1. html

［44］ Electronics Tutorials. （2021, May 31）. Electrical Energy and Power. Retrieved September 2, 2021, from www. electronics-tutorials. ws/dccircuits/electrical-energy. html

［45］ Emilio, M. D. P. （2020, January 6）. Intel cryogenic chip for quantum computing. eetimes. com. Retrieved September 2, 2021, from www. eetimes. com/intel-cryogenic-chip-for-quantum-computing/

［46］ Encyclopædia Britannica, inc. （2021, February 26）. electric charge. Encyclopædia Britannica. Retrieved September 2, 2021, from www. britannica. com/science/electric-charge

［47］ Encyclopædia Britannica. （n. d.）. Central Processing Unit. Encyclopædia Britannica. Retrieved July 28, 2021, from www. britannica. com/technology/central-processing-unit

［48］ Encyclopedia Britannica. （n. d.）. Hertz. Encyclopædia Britannica. Retrieved July 28, 2021, from www. britannica. com/science/hertz

［49］ Engheim, E. （2020, July 26）. What does RISC and CISC mean in 2020? Medium. Retrieved September 2, 2021, from https://medium. com/swlh/what-does-risc-and-cisc-mean-in-2020-7b4d42c9a9de

［50］ Engheim, E. （2021, January 24）. Why Pipeline a Microprocessor? Medium. Retrieved July 12, 2022, from https://erik-engheim. medium. com/microprocessor-pipelining-f63df4ee60cf

［51］ FCC. （2020, September 9）. Fact Sheet-Facilitating 5G in the 3. 45-3. 55 GHz Band. fcc. gov. Retrieved September 1, 2021, from https://docs. fcc. gov/public/attachments/DOC-366780A1. pdf

［52］ Firesmith, D. （2017, August 21）. Multicore Processing. cmu. edu. Retrieved July 28, 2021, from https://insights. sei. cmu. edu/sei_blog/2017/08/multicore-processing. html

［53］ Fisk, I. （2020, March 2）. A Reckoning for Moore's Law. Simons Foundation. Retrieved September 2, 2021, from www. simonsfoundation. org/2020/03/02/a-reckoning-for-moores-law/#: ~: text=Moore's%20law%20is%20the%20observation, was%20to%20wait%20two%20years. f

［54］ Fluke. （2021, May 9）. What is resistance? Retrieved September 2, 2021, from www. fluke. com/en-us/learn/blog/electrical/what-is-resistance

［55］ Fortune Business Insights. （2021, May）. The global semiconductor market is projected to grow from $452. 25 billion in 2021 to $803. 15 billion in 2028 at a CAGR of 8. 6% in forecast period, 2021-2028... Read More at: www. fortunebusinessinsights. com/semiconductor-market-102365. Retrieved September 2, 2021, from www. fortunebusinessinsights. com/semiconductor-market-102365

［56］ Foster, H. （2021, January 6）. The 2020 Wilson Research Group Functional Verification Study. Retrieved January 17, 2022, fromhttps://blogs. sw. siemens. com/verificationhorizons/2021/01/06/part-8-the-2020-wilson-research-group-functional-verification-study/

［57］ Fox, C. （2020, July 24）. Intel's next-generation 7nm chips delayed until 2022. BBC News.

Retrieved September 2, 2021, from www. bbc. com/news/technology-53525710#: ~ : text = Intel%

20says%20the%20production%20of, current%2Dgeneration%20chips%20on%20sale. &text = In%

20June%2C%20Apple%20said%20it, and%20design%20its%20own%20chips

[58] Fox, P. (n. d.). Central Processing Unit (CPU). Khan Academy. Retrieved July 28, 2021,

from www. khanacademy. org/computing/computers – and – internet/xcae6f4a7ff015e7d: computers/

xcae6f4a 7ff015e7d: computer–components/a/central–processing–unit–cpu

[59] Fox, P. (n. d.). Logic gates. Khan Academy. Retrieved April 3, 2021, from www. khanacade-

my. org/computing/computers – and – internet/xcae6f4a7ff015e7d: computers/xcae6f4a7ff015e7d:

logic–gates–and–circuits/a/logic–gates

[60] Frumusanu, A. (2020, August 24). TSMC details 3nm PROCESS TECHNOLOGY: Full Node

scaling for 2H22 volume production. anandtech. com. Retrieved July 27, 2021, from www. anandt-

ech. com/show/16024/tsmc–details–3nm – process – technology – details – full – node – scaling – for –

2h22

[61] Gallego, J. (2016, February 12). The Semiconductor Industry Is Anticipating The End of Moore's

Law. Futurism. Retrieved April 3, 2021, from https://futurism. com/semiconductor–industry–an-

ticipating–end–moores–law

[62] GeeksforGeeks. (2020, July 28). Kernel in Operating System. GeeksforGeeks. Retrieved Septem-

ber 2, 2021, from www. geeksforgeeks. org/kernel–in–operating–system/

[63] Gibney, E. (2019, October 23). Hello Quantum World! Google publishes landmark quantum su-

premacy claim. Nature News. Retrieved January 17, 2022, from www. nature. com/articles/

d41586–019–03213–z

[64] Gilleo, K. , & Pham–Van–Diep, G. (2004). Step 10: ENCAPSULATION Materials, processes

and equipment. Semiconductor Digest. Retrieved July 27, 2021, from https://sst. semiconductor-

digest. com/2004/10/step–10–encapsulation–imaterials–processes–and–equipment–i/

[65] GIS Geography. (2021, June 14). Passive vs Active Sensors in Remote Sensing. GIS Geography.

Retrieved July 28, 2021, from https://gisgeography. com/passive – active – sensors – remote –

sensing/#: ~ : text = Active%20sensors%20have%20its%20own, passive%20sensors%20measure%

20this%20energy

[66] Gupta, D. , & Franzon, P. (2020). Packaging Integration White Paper. IEEE. Retrieved July

27, 2021, from https://irds. ieee. org/images/files/pdf/2020/2020IRDS_PI. pdf

[67] Hameed, T. , & Airaad, S. (2019, January 25). NORTH AND SOUTH BRIDGES OF A MOTH-

ERBOARD: EXPLAINED. Tech. 78. Retrieved July 28, 2021, from https://srgtech78. word-

press. com/2019/01/25/north–and–south–bridges–of–a–motherboard–explained/

[68] Hashagen, U. , Van Der Spiegel, J. , Tau, J. F. , Ala'ilima, T. F. , & Ang, L. P. (2002).

The ENIAC–history, operation and reconstruction in VLSI. In The First Computers: History and

Architectures (1st ed.). essay, MIT Press

[69] Hill, M. , Christie, D. , Patterson, D. , Yi, J. ,Chiou, D. , & Sendag, R. (2016). PROPRIE-

TARY VERSUS OPEN INSTRUCTION SETS. Wisc. edu. Retrieved July 12, 2022, from https://

research. cs. wisc. edu/multifacet/papers/ieeemicro16_card_isa. pdf

［70］Hoerni, J. A. (1962, March 20). Method of manufacturing semiconductor devices

［71］Holt, R. (n. d.). Schematic vs. Netlist: A Guide to PCB Design Integration. Optimum Design Associates Blog. Retrieved April 3, 2021, from http://blog. optimumdesign. com/schematic-vs. - netlist-a-guide-to-pcb-deisgn-integration

［72］Honsberg, C. B., & Bowden, S. G. (2019). Doping. Photovoltaics Education Website. Retrieved March 29, 2021, from www. pveducation. org/pvcdrom/pn-junctions/doping

［73］Howe, D. (1994, December 16). clock. Free On-line Dictionary of Computing. Retrieved April 3, 2021, from https://foldoc. org/Clock

［74］Human Brain Project. (n. d.). Neuromorphic Computing. Retrieved September 2, 2021, from www. humanbrainproject. eu/en/silicon-brains/

［75］Hutson, M. (2021, August 20). The World's Largest Computer Chip. The New Yorker. Retrieved July 27, 2022, from www. newyorker. com/tech/annals-of-technology/the-worlds-largest-computer-chip

［76］IBM. (n. d.). RISC Architecture. ibm. com. Retrieved July 12, 2022, from www. ibm. com/ibm/history/ibm100/us/en/icons/risc/

［77］IBS. (n. d.). International Business Strategies, Inc. (IBS). Retrieved February 21, 2022, from www. ibs-inc. net/

［78］IC Insights. (2021, January 12). Value of Semiconductor Industry M&A Agreements Sets Record in 2020. Retrieved September 2, 2021, from www. icinsights. com/news/bulletins/Value-Of-Semiconductor-Industry-MA-Agreements-Sets-Record-In-2020/

［79］Imperva. (2020, June 10). OSI Model. Retrieved January 17, 2022, from www. imperva. com/learn/application-security/osi-model/

［80］Integrated Circuit Engineering Corporation. (n. d.). Yield and Yield Management. smithsonian-chips. si. edu. Retrieved July 27, 2021, from http://smithsonianchips. si. edu/ice/cd/CEICM/SECTION3. pdf

［81］Intel Labs. (n. d.). Neuromorphic Computing. Intel. Retrieved September 2, 2021, from www. intel. com/content/www/us/en/research/neuromorphic-computing. html

［82］Intel. (2018, April 18). Inside An Intel Chip Fab: One Of The Cleanest Conference Rooms On Earth. Intel Newsroom. Retrieved July 27, 2021, from https://newsroom. intel. com/news/intel-bunnies-arent-like-your-bunnies/#gs. rj6bun

［83］Intel. (n. d.). What is CPU clock speed? Intel. Retrieved July 12, 2022, from www. intel. com/content/www/us/en/gaming/resources/cpu-clock-speed. html

［84］Intersil. (n. d.). The Benefits of Power Modules vs. Discrete Regulators. Mouser. Retrieved July 28, 2021, from www. mouser. com/applications/benefits-modules-regulators-power/

［85］IRDS (International Roadmap for Devices and Systems). (2020). IRDS Lithography. IEEE. org. Retrieved September 2, 2021, from https://irds. ieee. org/images/files/pdf/2020/2020IRDS_Litho. pdf

［86］IRDS. (2020). International Roadmap for Devices and Systems. irds. ieee. org. Retrieved July 27, 2021, from https://irds. ieee. org/images/files/pdf/2020/2020IRDS_ES. pdf

［87］ITU (International Telecommunication Union). (2011). All about Technology. Retrieved September 1, 2021, from www. itu. int/osg/spu/ni/3G/technology/

［88］Jazaeri, F., Beckers, A., Tajalli, A., & Sallese, J.-M. (2019, August 7). A Review on Quantum Computing: From Qubits to Front-end Electronics and Cryogenic MOSFET Physics. IEEE Xplore. Retrieved September 2, 2021, from https://ieeexplore. ieee. org/abstract/document/8787164

［89］Kay, R. (2003, November 17). Serial vs. Parallel Storage. Computerworld. Retrieved July 28, 2021, from www. computerworld. com/article/2574104/serial-vs--parallel-storage. html

［90］Khillar, S. (2018, March 26). Difference between Von Neumann and Harvard architecture. Retrieved September 2, 2021, from http://www. differencebetween. net/technology/difference-between-von-neumann-and-harvard-architecture/

［91］Kilby, J. S. (1964, June 23). Miniaturized Electronic Circuits

［92］Kingatua, A. (2020, November 12). What Is a Graphene Field Effect Transistor (GFET)? Construction, Benefits, and Challenges. All About Circuits. Retrieved September 2, 2021, from www. allaboutcircuits. com/technical-articles/graphene-field-effect-transistor-gfet-construction-benefits-challenges/

［93］Kitayama, K. -ichi, Notomi, M., Naruse, M., Inoue, K., Kawakami, S., & Uchida, A. (2019, September 24). Novel frontier of photonics for data processing-photonic accelerator. AIP Publishing. Retrieved September 2, 2021, from https://aip. scitation. org/doi/10. 1063/1. 5108912

［94］Klein, M. (2017, August 17). What Is a"Chipset", and Why Should I Care? How-To Geek. Retrieved July 28, 2021, from www. howtogeek. com/287206/what-is-a-chipset-and-why-should-i-care/

［95］Knerl, L. (2019, November 11). Microcontroller vs Microprocessor: What's the difference? hp. com. Retrieved July 28, 2021, from www. hp. com/us-en/shop/tech-takes/microcontroller-vs-microprocessor

［96］Kubota, Y. (2019, October 25). China Sets Up New $29 Billion Semiconductor Fund. The Wall Street Journal. Retrieved September 2, 2021, from www. wsj. com/articles/china-sets-up-new-29-billion-semiconductor-fund-11572034480

［97］Lapedus, M. (2019, December 18). The Race To Next-Gen 2. 5D/3D Packages. Semiconductor Engineering. Retrieved July 27, 2021, from https://semiengineering. com/the-race-to-next-gen-2-5d-3d-packages/

［98］Lapedus, M. (2019, June 24). 5nm vs. 3nm. Semiconductor Engineering. Retrieved September 2, 2021, from https://semiengineering. com/5nm-vs-3nm/

［99］Lapedus, M. (2020, July 23). The Race To Much More Advanced Packaging. Semiconductor Engineering. Retrieved September 2, 2021, from https://semiengineering. com/the-race-to-much-more-advanced-packages/

［100］Lapedus, M. (2021, January 25). New Transistor Structures At 3nm/2nm. Semiconductor Engineering. Retrieved September 2, 2021, from https://semiengineering. com/new-transistor-structures-at-3nm-2nm/

[101] Lau, J. (2017, August 7). MCM, SIP, SoC, and HETEROGENEOUS Integration defined and explained. 3D InCites. Retrieved July 27, 2021, from www. 3dincites. com/2017/08/mcm-sip-soc-and-heterogeneous-integration-defined-and-explained/

[102] Lee, C. (2017, November 16). What's What In Advanced Packaging. Semiconductor Engineering. Retrieved July 27, 2021, from https://semiengineering. com/whats-what-in-advanced-packaging/

[103] Lewis, J. A. (2019, January). Learning the Superior Techniques of the Barbarians-China's Pursuit of Semiconductor Independence. Retrieved July 27, 2021, from https://csis-website-prod. s3. amazonaws. com/s3fs-public/publication/190115_Lewis_Semiconductor_v6. pdf

[104] Linder, C. (2020, July 26). DNA Is Millions of Times More EfficientThan Your Computer's Hard Drive. Popular Mechanics. Retrieved September 2, 2021, from www. popularmechanics. com/science/a33327626/scientists-encoded-wizard-of-oz-in-dna/

[105] Lowe, D. (n. d.). Radio Electronics: Transmitters and Receivers. dummies. com. Retrieved September 1, 2021, from www. dummies. com/programming/electronics/components/radio-electronics-transmitters-and-receivers/

[106] Lucintel. (2021, August). Semiconductor Market Report: Trends, Forecast and Competitive Analysis. ReportLinker. Retrieved January 16, 2022, from www. reportlinker. com/p05817483/Semiconductor-Market-Report-Trends-Forecast-and-Competitive-Analysis. html?utm_source = GNW

[107] Maity, A. (2022, January 21). Microarchitecture and Instruction Set Architecture. GeeksforGeeks. Retrieved July 12, 2022, from www. geeksforgeeks. org/microarchitecture-and-instruction-set-architecture/

[108] Matheson, R. (2018, April 6). Photonic communication comes to computer chips. Phys. org. Retrieved September 2, 2021, from https://phys. org/news/2018-04-photonic-chips. html

[109] Maxfield, M. (2014, June 23). ASIC, ASSP, SoC, FPGA-What's the Difference? EETimes. Retrieved July 28, 2021, from www. eetimes. com/asic-assp-soc-fpga-whats-the-difference/

[110] McGregor, J. (2018, April 6). The DifferenceBetween ARM, MIPS, x86, RISC-V And Others In Choosing A Processor Architecture. Forbes. Retrieved September 2, 2021, from www. forbes. com/sites/tiriasresearch/2018/04/05/what-you-need-to-know-about-processor-architectures/?sh = 1ac78a504f57

[111] McKinsey & Company. (2020, August 20). Semiconductor design and manufacturing: Achieving leading-edge capabilities. McKinsey & Company. Retrieved September 2, 2021, from www. mckinsey. com/industries/advanced-electronics/our-insights/semiconductor-design-and-manufacturing-achieving-leading-edge-capabilities#:~:text = Designing%20a%205%20nm%20chip, especially%20for%20leading%2Dedge%20products

[112] Mehra, A. (2021). Market Leadership-FPGA Market. Retrieved January 16, 2022, from www. marketsandmarkets. com/ResearchInsight/fpga-market. asp

[113] MEMS Journal. (2021). Retrieved September 1, 2021, from www. memsjournal. com/

[114] Mims, C. (2020, September 19). Huang's Law Is the New Moore's Law, and Explains Why

Nvidia Wants Arm. Retrieved September 2, 2021, from www. wsj. com/articles/huangs-law-is-the-new-moores-law-and-explains-why-nvidia-wants-arm-11600488001

[115] Minzioni, P. , Lacava, C. , Tanabe, T. , Dong, J. , Hu, X. , Csaba, G. , Porod, W. , Singh, G. , Willner, A. E. , Almaiman, A. , Torres-Company, V. , Schröder, J. , Peacock, A. C. , Strain, M. J. , Parmigiani, F. , Contestabile, G. , Marpaung, D. , Liu, Z. , Bowers, J. E. , … Nunn, J. (2019, May 17). Iopscience. Journal of Optics. Retrieved September 2, 2021, from https://iopscience. iop. org/article/10. 1088/2040-8986/ab0e66

[116] Mitchell, G. (n. d.). How fast does electricity flow? sciencefocus. com. Retrieved September 2, 2021, from www. sciencefocus. com/science/how-fast-does-electricity-flow/

[117] Mittal, A. (2020, August 2). What is Power Integrity and Power Distribution Network? Sierra Circuits. Retrieved July 28, 2021, from www. protoexpress. com/blog/power-integrity-pdn-and-decoupling-capacitors/

[118] Moore, G. (1965). Cramming more components onto integrated circuits. Electronics, 38(8)

[119] Mordor Intelligence. (2021). GLOBAL ELECTRONIC DESIGN AUTOMATION TOOLS (EDA) MARKET-GROWTH, TRENDS, COVID-19 IMPACT, AND FORECASTS. Retrieved January 17, 2022, from www. mordorintelligence. com/industry-reports/electronic-design-automation-eda-tools-market

[120] Moyer, B. (2017, January 2). HBM vs. HMC. EEJournal. Retrieved July 28, 2021, from www. eejournal. com/article/20170102-hbm-hmc/

[121] MPS. (n. d.). Analog Signals vs. Digital Signals. Monolithic Power Systems. Retrieved April 3, 2021, from www. monolithicpower. com/en/analog-vs-digital-signal

[122] MPS. (n. d.). Analog Signals vs. Digital Signals. Monolithic Power. Retrieved July 27, 2021, from www. monolithicpower. com/en/analog-vs-digital-signal

[123] MPS. (n. d.). Voltage Regulator Types and Working Principles. Monolithic Power. Retrieved July 28, 2021, from www. monolithicpower. com/en/voltage-regulator-types#: ~: text = A%20voltage%20regulator%20is%20a, input%20voltage%20or%20load%20conditions. &text = While%20voltage%20regulators%20are%20most, DC%20power%20conversion%20as%20well

[124] MRSI. (n. d.). Die Bnding. MRSI Systems. Retrieved July 27, 2021, from https://mrsisystems. com/die-bonding/#: ~: text = Die%20bonding%20is%20a%20manufacturing, die%20placement%20or%20die%20attach. &text = The%20die%20is%20placed%20into, placed%20into%20solder%20(eutectic)

[125] Murata. (2010, December 15). Basic Facts about Inductors [Lesson 1] Overview of inductors-"How do inductors work?". Murata Manufacturing Articles. Retrieved March 29, 2021, from https://article. murata. com/en-us/article/basic-facts-about-inductors-lesson-1

[126] Nair, R. (2015). Evolution of memory architecture. Proceedings of the IEEE, 103(8), 1331-1345. https://doi. org/10. 1109/jproc. 2015. 2435018

[127] NASA Hubble Site. (n. d.). The Electromagnetic Spectrum. HubbleSite. org. Retrieved July 28, 2021, from https://hubblesite. org/contents/articles/the-electromagnetic-spectrum

[128] NASA . (2018, June 27). Introduction to Electromagnetic Spectrum. NASA. Retrieved

September 1, 2021, from www. nasa. gov/directorates/heo/scan/spectrum/overview/index. html

[129] Nave, R. (2000). Voltage. Retrieved September 2, 2021, from http://hyperphysics. phy−as-tr. gsu. edu/hbase/electric/elevol. html

[130] Nenni, D., & McLellan, P. M. (2014). Fabless: The transformation of the semiconductor industry. SemiWiki. com Project

[131] New World Encyclopedia, C. (2014, April 17). Integrated circuit. Integrated circuit. Retrieved March 29, 2021, from www. newworldencyclopedia. org/entry/Integrated_circuit

[132] Newhaven Display International. (n. d.). Serial vs Parallel Interface. Retrieved July 27, 2021, from www. newhavendisplay. com/app_notes/parallel−serial. pdf

[133] Nobel Media. (2000, October 10). Prize Announcement. NobelPrize. org. Retrieved March 29, 2021, from www. nobelprize. org/prizes/physics/2000/popular−information/

[134] Nobel Prize Outreach AB 2021. (n. d.). The Nobel Prize in Physics 1956. NobelPrize. org. Retrieved March 29, 2021, from www. nobelprize. org/prizes/physics/1956/summary/

[135] Nussey, B. (2019, November 2). Understanding the basics of electricity by thinking of it as water. Freeing Energy. Retrieved September 2, 2021, from www. freeingenergy. com/understanding−the−basics−of−electricity−by−thinking−of−it−as−water/

[136] NVIDIA. (2020). GPU−Accelerated Applications. GPU Applications Catalog. Retrieved July 27, 2021, from www. nvidia. com/content/dam/en−zz/Solutions/Data−Center/tesla−product−literature/gpu−applications−catalog. pdf

[137] Patil, C. A. (2021, January 17). The FAB−LITE Semiconductor Fabrication Model. Retrieved September 2, 2021, from www. chetanpatil. in/the−fab−lite−semiconductor−fabrication−model/

[138] Patterson, A. (2021, August 19). Samsung Considering 3 U. S. Fab Locations. EETimes. Retrieved December 23, 2021, from www. eetimes. com/samsung−considering−3−u−s−fab−locations

[139] PCMAG. (n. d.). Definition of bus. PCMAG. Retrieved July 28, 2021, from www. pcmag. com/encyclopedia/term/bus

[140] PCMAG. (n. d.). Definition of GPU. PCMAG. Retrieved July 28, 2021, from www. pcmag. com/encyclopedia/term/gpu

[141] Pedamkar, P. (n. d.). What is Assembly Language. EDUCBA. Retrieved July 12, 2022, from www. educba. com/what−is−assembly−language/

[142] Photonics Leadership Group. (2020). Future horizons for photonics research 2030 and beyond. Retrieved July 27, 2021, from photonicsuk. org/wp−content/uploads/2020/09/Future−Horizons−for−Photonics−Research_PLG_2020_b. pdf

[143] Pimentel, B. (2009, March 4). GlobalFoundries created from AMD spin−off. MarketWatch. Retrieved September 2, 2021, from www. marketwatch. com/story/globalfoundries−created−amd−spin−off−the

[144] Platzer, M. D. , Sargent, J. F. , & Sutter, K. M. (2020). (rep.). Semiconductors: U. S. Industry, Global Competition, and Federal Policy. Congressional Research Service

[145] Platzer, M. D. , Sargent, J. F. , & Sutter, K. M. , Semiconductors: U. S. Industry, Global

Competition, and Federal Policy (2020). Washington, DC; Congressional Research Service

[146] Porter, J. (2021, May 19). Google wants to build a useful quantum computer by 2029. The Verge. Retrieved January 17, 2022, from www. theverge. com/2021/5/19/22443453/google-quantum-computer-2029-decade-commercial-useful-qubits-quantum-transistor

[147] Precedence Research. (2021, November 23). Semiconductor production equipment market to hit USD 121. 87 bn by 2030. GlobeNewswire News Room. Retrieved January 16, 2022, from www. globenewswire. com/news－release/2021/11/23/2340230/0/en/Semiconductor－Production－Equipment-Market-to-Hit-USD-121-87-Bn-by-2030. html

[148] Printed-Circuit-Board Glossary Definition. Maxim Integrated-Analog, Linear, and Mixed-Signal Devices. (n. d.). Retrieved April 3, 2021, from www. maximintegrated. com/en/glossary/definitions. mvp/term/Printed-Circuit-Board/gpk/973#：～：text＝A%20printed%20circuit%20board%2C%20or, a%20working%20circuit%20or%20assembly

[149] process technology. PCMAG. (n. d.). Retrieved July 27, 2021, from www. pcmag. com/encyclopedia/term/process-technology

[150] PSD. (2013). Successful Semiconductor Fabless Conference. In Power Systems Design. Paris. Retrieved February 20, 2022, from www. powersystemsdesign. com/articles/power－electronics－and-the-fabless-business-model-will-be-explored-at-successful-semiconductor-fabless-2013-in-paris/8/4872

[151] Rai-Choudhury, P. (1997). Handbook of Microlithography, Micromachining, And Microfabrication. Volume 1: Microlithography (Vol. 1). SPIE

[152] Raza, M. (2018, June 29). OSI Model: The 7 Layers of Network Architecture. BMC Blogs. Retrieved January 17, 2022, from www. bmc. com/blogs/osi-model-7-layers/

[153] Rice University. (2013). Circuits and Electricity. Retrieved September 2, 2021, from www. acaedu. net/cms/lib3/TX01001550/Centricity/Domain/389/5. 6B%20Circuts%20and%20Electricity. pdf

[154] Riordan, M. (1998, July 20). Junction transistors. Encyclopedia Britannica. Retrieved March 29, 2021, from www. britannica. com/technology/transistor/Junction-transistors

[155] RTL (Register Transfer Level). Semiconductor Engineering. (2021, February 2). Retrieved April 3, 2021, from https:∥semiengineering. com/knowledge_centers/eda－design/definitions/register-transfer-level/

[156] Rubin, S. M. (1993). Computer Aids for Vlsi Design. Addison-Wesley Publishing Company

[157] S&P Global. (2019). S&P Global Market Intelligence. Retrieved February 21, 2022, from www. spglobal. com/marketintelligence/en/

[158] Saint, J. L. , & Saint, C. (1999, July 26). Integrated circuit. Encyclopædia Britannica. Retrieved March 29, 2021, from www. britannica. com/technology/integrated-circuit

[159] Samsung. (2020, February 20). Samsung Electronics Begins Mass Production at New EUV Manufacturing Line. Samsung Global Newsroom. Retrieved July 27, 2021, from https:∥news. samsung. com/global/samsung-electronics-begins-mass-production-at-new-euv-manufacturing-line

［160］ Samuel, M. K. (2018, January 5). EUV Lithography Finally Ready for Chip Manufacturing. IEEE Spectrum: Technology, Engineering, and Science News. Retrieved July 27, 2021, fromhttps://spectrum. ieee. org/semiconductors/nanotechnology/euv－lithography－finally－ready－for－chip－manufacturing

［161］ Sand, N. J. , &Aasvik, M. (2019, January 25). Physical Properties of a MOSFET. Norwegian Creations. Retrieved March 29, 2021, from www. norwegiancreations. com/2019/01/physical－properties－of－a－mosfet/

［162］ Sanghavi, A. (2010, May 21). What is formal verification? eetasia. com. Retrieved April 3, 2021, from www. scribd. com/document/46878179/Formal－Verification

［163］ Savage, N. (2020, September 4). Google's Quantum Computer Achieves Chemistry Milestone. Scientific American. Retrieved September 2, 2021, from www. scientificamerican. com/article/googles－quantum－computer－achieves－chemistry－milestone/

［164］ Schafer, R. , &Buchalter, J. (2017). (rep.). Semiconductors: Technology and Market Primer 10. 0. New York, NY: Oppenheimer Equity Research

［165］ Science World. (n. d.). Current Electricity. Science World. Retrieved September 2, 2021, from www. scienceworld. ca/resource/current－electricity/

［166］ SCME (Southwest Center for Microsystems Education). (2017, May). History of MEMS. Retrieved September 1, 2021, from https://nanohub. org/resources/26535/download/App_Intro_PK10_PG. pdf

［167］ Semiconductor Industry Association. (2021). Retrieved March 29, 2021, from www. semiconductors. org/

［168］ Semiconductor Packaging Market by Type. Allied Market Research. (2021, June 21). Retrieved January 16, 2022, from www. alliedmarketresearch. com/semiconductor－packaging－market－A09496

［169］ Shamieh, C. (n. d.). The Power of Joule's Law in Electronics. dummies. com. Retrieved September 2, 2021, from www. dummies. com/programming/electronics/components/the－power－of－joules－law－in－electronics/

［170］ Shet, R. (2020, January 31). Memories in Digital Electronics－Classification and Characteristics. Technobyte. Retrieved July 28, 2021, from https://technobyte. org/memories－digital－electronics/

［171］ Shieber, J. , & Coldewey, D. (2020, March 5). Rigetti Computing took a $71 million down round, because quantum computing is hard. TechCrunch. Retrieved September 2, 2021, from https://techcrunch. com/2020/03/05/rigetti－computing－took－a－71－million－down－round－because－quantum－computing－is－hard/

［172］ Shilov, A. (2021, October 7). Samsung to Mass Produce 2nm Chips in 2025. Tom's Hardware. Retrieved January 17, 2022, from www. tomshardware. com/news/samsung－foundry－to－produce－2nm－chips－in－2025

［173］ Shireen. (2019, June 20). What is an RF filter and Why is it so Important? Retrieved September 1, 2021, from www. shireeninc. com/what－is－an－rf－filter－and－why－is－it－so－important/

[174] Shulaker, M. M., Hills, G., Patil, N., Wei, H., Chen, H. -Y., Wong, H. -S. P., & Mitra, S. (2013, September 25). Carbon nanotube computer. Nature News. Retrieved September 2, 2021, from www. nature. com/articles/nature12502

[175] SIA (Semiconductor Industry Association). (2020, December 3). Global Semiconductor Sales Increase 6 Percent Year-to-Year in October; Annual Sales Projected to Increase 5. 1 Percent in 2020. Semiconductor Industry Association. Retrieved September 2, 2021, from www. semiconductors. org/global-semiconductor-sales-increase-6-percent-year-to-year-in-october-annual-sales-projected-to-increase-5-1-percent-in-2020/

[176] SIA Databook. (2020). 2020 Databook. semiconductors. org. Retrieved January 16, 2022, from www. semiconductors. org/data-resources/market-data/sia-databook/

[177] SIA Databook. (2021). Semiconductor Industry Association (SIA) 2020 Databook. semiconductors. org. Retrieved September 2, 2021, from www. semiconductors. org/data-resources/market-data/sia-databook/

[178] SIA End Use Survey. (2021). Semiconductor Industry Association (SIA) 2019 End Use Survey. semiconductors. org. Retrieved September 2, 2021, from www. semiconductors. org/data-resources/market-data/end-use-survey/

[179] SIA Whitepaper. (2021, July). TAKING STOCK OF CHINA'S SEMICONDUCTOR INDUSTRY. semiconductors. org. Retrieved September 2, 2021, from www. semiconductors. org/wp-content/uploads/2021/07/Taking-Stock-of-China%E2%80%99s-Semiconductor-Industry_final. pdf

[180] SIA WSTS (Semiconductor Industry Association and World Semiconductor Trade Statistics). (2021). Semiconductor Industry-Tables and Figures. Retrieved January 16, 2022

[181] SIA. (2021, May 19). SIA Factbook. Retrieved January 16, 2022, from www. semiconductors. org/wp-content/uploads/2021/05/2021-SIA-Factbook-May-19-FINAL. pdf

[182] Singer, P. (2020, February 8). Scaling the BEOL: A Toolbox Filled with New Processes, Boosters and Conductors. Semiconductor Digest. Retrieved July 27, 2021, from www. semiconductor-digest. com/scaling-the-beol-a-toolbox-filled-with-new-processes-boosters-and-conductors/

[183] STMicroelectronics. (2000). Introduction to Semiconductor Technology AN900 Application Note. st. com. Retrieved July 27, 2021, from www. st. com/resource/en/application_note/cd00003986-introduction-to-semiconductor-technology-stmicroelectronics. pdf

[184] systemverilog. io. (n. d.). Retrieved April 3, 2021, from www. systemverilog. io/gentle-introduction-to-formal-verification

[185] Teach Computer Science. (2021, December 21). RISC and CISC Processors. Teach Computer Science. Retrieved July 12, 2022, from teachcomputerscience. com/risc-and-cisc-processors/

[186] Teja, R. (2021, April 2). What is a Sensor? Different Types of Sensors and their Applications. Electronics Hub. Retrieved July 28, 2021, from www. electronicshub. org/different-types-sensors/

[187] Teja, R. (2021, April 28). Classification and Different Types of Transistors. Electronics Hub. Retrieved January 17, 2022, from www. electronicshub. org/transistors-classification-and-types/

[188] Templeton, G. C. (2015, June 22). What is silicon, and why are computer chips made from it? ExtremeTech. Retrieved March 29, 2021, from www. extremetech. com/extreme/208501-what-is-silicon-and-why-are-computer-chips-made-from-it

[189] Texas Instruments. (2018). POWER DISTRIBUTION FOR SOC AND FPGA APPLICATIONS. training. ti. com. Retrieved July 27, 2021, from https://training. ti. com/sites/default/files/docs/pmicvsdisc. pdf

[190] Thornton, S. (2016, December 29). The Internal Processor Bus: data, address, and control bus. Microcontroller Tips. Retrieved July 28, 2021, from www. microcontrollertips. com/internal-processor-bus-data-address-control-bus-faq/

[191] Thornton, S. (2018, January 9). Risc vs. cisc architectures: Which one is better? Microcontroller Tips. Retrieved September 2, 2021, from www. microcontrollertips. com/risc-vs-cisc-architectures-one-better/#:~:text = RISC% 2Dbased% 20machines% 20execute% 20one, than% 20one% 20cycle% 20to% 20execute. &text = The% 20CISC% 20architecture% 20can% 20execute, at% 20once% 2C% 20directly% 20upon% 20memory

[192] TIRIAS Research. (n. d.). High-Tech Experts-Research and Advisory. TIRIAS Research. Retrieved February 21, 2022, from www. tiriasresearch. com/

[193] Trimberger, S. M. (2015). Three ages of FPGAs: A retrospective on the first thirty years of FPGA Technology. Proceedings of the IEEE, 103(3), 318-331. https://doi. org/10. 1109/jproc. 2015. 2392104

[194] Tsai, M. -Y. , Hsu, C. H. J. , & Wang, C. T. O. (2004). Investigation of thermomechanical behaviors of flip chip bga packages during manufacturing process and thermal cycling. IEEE Transactions on Components and Packaging Technologies, 27(3), 568-576. https://doi. org/10. 1109/tcapt. 2004. 831817

[195] Tucker, J. H. (1994). Hardware Description Languages. The Role of Computers in Research and Development at Langley Research Center. https://doi. org/19950010062

[196] Turley, J. L. (2002). The Essential Guide to Semiconductors. Pearson

[197] Tyson, J. (n. d.). How Computer Memory Works. HowStuffWorks. Retrieved July 28, 2021, from https://computer. howstuffworks. com/computer-memory4. htm

[198] Tyson, M. (2021, August 19). Nvidia announces record quarterly revenue of $6. 5 billion. HEXUS. net. Retrieved September 2, 2021, from https://m. hexus. net/business/news/general-business/148259-nvidia-announces-record-quarterly-revenue-65-billion/

[199] U. S. Department of Energy. (n. d.). How Lithium-ion Batteries Work. Energy. gov. Retrieved April 24, 2022, from www. energy. gov/science/doe-explainsbatteries#:~:text = When% 20the% 20electrons% 20move% 20from, circuit% 20and% 20discharge% 20the% 20battery

[200] Vakil, B. , & Linton, T. (2021, February 26). Why We're in the Midst of a Global Semiconductor Shortage. Harvard Business Review. Retrieved September 2, 2021, from https://hbr. org/2021/02/why-were-in-the-midst-of-a-global-semiconductor-shortage

[201] Valentine, C. (2019, October 25). Photolithography Basics. Inseto UK. Retrieved July 27, 2021, from www. inseto. co. uk/lithography-basics/

[202] Varas, A. , Varadarajan, R. , Goodrich, J. , & Yinug, F. (2020, September). Government Incentives and US Competitiveness in Semiconductor Manufacturing. semiconductors. org. Retrieved January 16, 2022, from www. semiconductors. org/wp-content/uploads/2020/09/Government-Incentives-and-US-Competitiveness-in-Semiconductor-Manufacturing-Sep-2020. pdf

[203] Varas, A. , Varadarajan, R. , Goodrich, J. , & Yinug, F. (2021, April). Strengthening the Global Semiconductor Supply Chain in an Uncertain Era. Retrieved September 2, 2021, from www. semiconductors. org/wp-content/uploads/2021/05/BCG-x-SIA-Strengthening-the-Global-Semiconductor-Value-Chain-April-2021_1. pdf

[204] Venture Outsource. (n. d.). Electronic product design automation software drives hardware product launch and EDA JOBS. VentureOutsource.com. Retrieved September 2, 2021, from www. ventureoutsource. com/contract-manufacturing/electronic-product-design-automation-software-controlling-hardware-product-launch/

[205] VLSI Guide. (2018, July). Clock Tree Synthesis (CTS). vlsiguide. com. Retrieved April 3, 2021, from www. vlsiguide. com/2018/07/clock-tree-synthesis-cts. html

[206] Voltage and Current. All About Circuits. (n. d.). Retrieved September 1, 2021, from www. allaboutcircuits. com/textbook/direct-current/chpt-1/voltage-current/

[207] Vora, L. J. (2015). Evolution of Mobile Generation Technology: 1G to 5G and Review of Upcoming Wireless Technology 5G. International Journal of Modern Trends in Engineering and Research (IJMTER), 2(10), 281-290. Retrieved September 1, 2021, from www. ijmter. com/papers/volume-2/issue-10/evolution-of-mobile-generation-technology-1g-to-5g-and-review-of-5g. pdf

[208] Weisman, C. J. (2003). The Essential Guide to Rf and Wireless. Publishing House of Electronics Industry

[209] Whalen, J. (2021, June 14). Countries lavish subsidies and perks on semiconductor manufacturers as a global chip war heats up. The Washington Post. Retrieved September 2, 2021, from www. washingtonpost. com/technology/2021/06/14/global-subsidies-semiconductors-shortage/

[210] Wile, B. , Goss, J. C. , &Roesner, W. (2005). Comprehensive functional verification the complete industry cycle. Elsevier/Morgan Kaufmann

[211] Williams, M. (2016, April 8). What Is The Electron Cloud Model?Universe Today. Retrieved September 2, 2021, from www. universetoday. com/38282/electron-cloud-model/

[212] Wilson, T. V. , & Johnson, R. (2005, July 20). How Motherboards Work. HowStuffWorks. Retrieved July 28, 2021, from https://computer. howstuffworks. com/motherboard4. htm

[213] Wright, G. (2021, March 4). What is a base station? WhatIs. com. Retrieved September 1, 2021, from https://whatis. techtarget. com/definition/base-station

[214] WSTS (World Semiconductor Trade Statistics). (2017, December 16). WSTS Product Classification 2018. Semiconductors. org. Retrieved September 1, 2021, from www. semiconductors. org/wp-content/uploads/2018/07/Product_Classification_2018. pdf

[215] Xilinx . (n. d.). Emulation & Prototyping. Xilinx. Retrieved July 28, 2021, from www. xilinx. com/applications/emulation-prototyping. html

[216] Yahoo! Finance. (2021, September 2). Synopsys, Inc. (SNPS) stock Price, NEWS, quote & history. Retrieved September 2, 2021, from https://finance.yahoo.com/quote/SNPS/

[217] Ye, P. D., Ernst, T., & Khare, M. V. (2019, July 30). THE NANOSHEET TRANSISTOR IS THE NEXT (AND MAYBE LAST) STEP IN MOORE'S LAW. IEEE Spectrum. Retrieved September 2, 2021, from https://spectrum.ieee.org/semiconductors/devices/the-nanosheet-transistor-is-the-next-and-maybe-last-step-in-moores-law

[218] Yellin, B. (2019). SAVING THE FUTURE OF MOORE'S LAW. Dell Technologies Proven Professional Knowledge Sharing

[219] Zhao, L. (2017, December 18). All About Interconnects. Semiconductor Engineering. Retrieved July 27, 2021, from https://semiengineering.com/all-about-interconnects/

插 图 来 源

[1] A13ean. (2012). Autostep i－Line Stepper. photograph, Wikimedia Commons. Retrieved April 3, 2021, from https：//commons. wikimedia. org/wiki/File：Autostep_i－line_stepper. jpg

[2] Aldrich, S. (2018). Physical Vapor Deposition (Pvd). Wikimedia Commons. Retrieved April 3, 2021, from https：//commons. wikimedia. org/wiki/File：Physical_Vapor_Deposition_(PVD). jpg

[3] Alistair1978. (2020). 'Twin and Earth' electrical cable. photograph, Wikimedia Commons. Retrieved February 20, 2022, from https：//commons. wikimedia. org/wiki/File：% 27Twin _ and _ Earth%27_electrical_cable. _BS_6004,_6mm%C2%B2. jpg

[4] AMD Newsroom. (2020, October 27). AMD to Acquire Xilinx, Creating the Industry's High Performance Computing Leader. Retrieved April 25, 2022, from www. amd. com/en/press－releases/ 2020－10－27－amd－to－acquire－xilinx－creating－the－industry－s－high－performance－computing

[5] Analog Devices Newsroom. (2020, July 13). Analog Devices Announces Combination with Maxim Integrated, Strengthening Analog Semiconductor Leadership. Retrieved April 24, 2022, from www. analog. com/en/about－adi/news－room/press－releases/2020/7－13－2020－analog－devices－ announces－combination－with－maxim－integrated. html

[6] Argonne National Laboratory. (2008). Argonne's Tribology Lab Plasma－Assisted Chemical－Vapor Deposition. flickr. photograph. Retrieved April 2, 2021, from www. flickr. com/photos/35734278 @ N05/3469453524

[7] Ashri, S. (2014). Parallel and Serial Transmission. Wikibooks. Retrieved April 3, 2021, from https：//commons. wikimedia. org/wiki/File：Parallel_and_Serial_Transmission. gif

[8] Bautista, D. (2015). Suny College of Nanoscale Science and Engineering's Michael Liehr, left, and Ibm's Bala Haranand look at wafer comprised of 7nm chips. photograph, Albany, NY; IBM. Retrieved April 3, 2021, from http：//www－03. ibm. com/press/us/en/photo/47302. wss

[9] Bender, R. , & Dummett, B. (2019, June 3). German Chip Maker Infineon Buys U. S. Rival in $9. 4 Billion Deal. Retrieved April 24, 2022, from www. wsj. com/articles/infineon － to － buy － cypress－semiconductor－in－multibillion－dollar－deal－11559540811

[10] Broadcom Inc. (2013, December 16). Avago Technologies to Acquire LSI Corporation for $6. 6 Billion in Cash. GlobeNewswire News Room. Retrieved April 24, 2022, from www. globenewswire. com/news－release/2013/12/16/597048/10061554/en/Avago－Technologies－to－Acquire－LSI－ Corporation－for－6－6－Billion－in－Cash. html

[11] Broadcom Inc. (2015, May 28). Avago Technologies to Acquire Broadcom for $37 Billion. Globe-Newswire News Room. Retrieved April 24, 2022, from www. globenewswire. com/news－release/ 2015/05/28/739835/10136316/en/Avago－ Technologies － to － Acquire － Broadcom － for － 37 － Billion. html

[12] Brodkin, J. (2014, October 20). Struggling IBM pays $1. 5 billion to dump its chipmaking business. Ars Technica. Retrieved April 24, 2022, from https：//arstechnica. com/information－technology/2014/10/struggling－ibm－pays－1－5－billion－to－dump－its－chipmaking－business/

[13] Business Wire. (2014, August 20). Infineon Technologies AG to Acquire International Rectifier Corporation for US-Dollar 40 per share, approximately US-Dollar 3 billion in cash. Retrieved April 24, 2022, from www.businesswire.com/news/home/20140820005867/en/Infineon-Technologies-AG-to-Acquire-International-Rectifier-Corporation-for-US-Dollar-40-per-share-approximately-US-Dollar-3-billion-in-cash

[14] Business Wire. (2019, March 27). ON Semiconductor to Acquire Quantenna Communications. Retrieved April 24, 2022, from www.businesswire.com/news/home/20190327005791/en/ON-Semiconductor-to-Acquire-Quantenna-Communications

[15] Clark, D. (2016, July 26). Analog Devices to Acquire Linear Technology for $14.8 Billion. Retrieved April 24, 2022, from www.wsj.com/articles/analog-devices-to-acquire-linear-technology-for-14-8-billion-1469563887

[16] CNBC. (2015, December 7). NXP closes deal to buy Freescale and create top auto chipmaker. CNBC. Retrieved April 24, 2022, from www.cnbc.com/2015/12/07/nxp-closes-deal-to-buy-freescale-and-create-top-auto-chipmaker.html

[17] Currier, N., & Ives, J. M. (2009, November 24). Franklin's Experiment, June 1752 [Benjamin Franklin flies kite during thunderstorm]. History.com. Retrieved February 20, 2022, from www.history.com/this-day-in-history/franklin-flies-kite-during-thunderstorm

[18] Davis, C. (2019). Google Data Center. Wikimedia Commons. photograph, Council Bluffs; flickr. Retrieved May 11, 2022, from https://commons.wikimedia.org/wiki/File:Google_Data_Center,_Council_Bluffs_Iowa_(49062863796).jpg

[19] Design & Reuse. (2016, September 13). Renesas to Acquire Intersil to Create the World's Leading Embedded Solution Provider. Retrieved April 24, 2022, from www.design-reuse.com/news/40504/renesas-intersil-acquisition.html

[20] Design & Reuse. (2021, September 29). Chip M&A Deals Reach $22 Billion in First Eight Months of 2021. Retrieved April 24, 2022, from www.design-reuse.com/news/50674/2021-semiconductor-acquisition-agreements.html

[21] Enricoros. (2007). SiliconCroda. Wikimedia Commons. Wikimedia Commons. Retrieved April 2, 2021, from https://commons.wikimedia.org/wiki/File:SiliconCroda.jpg

[22] EPS News. (2019, September 20). Semiconductor M&A Accelerates in 2019. Retrieved April 24, 2022, from https://epsnews.com/2019/09/20/semiconductor-ma-accelerates-in-2019/

[23] Etherington, D. (2016, October 27). Qualcomm to acquire NXP Semiconductor for $47 billion. TechCrunch. Retrieved April 24, 2022, from https://techcrunch.com/2016/10/27/qualcomm-to-acquire-nxp-semiconductor-for-47-billion/

[24] Gibbs, M., & Uberpenguin. (2006). Interconnects Under the Microscope. Wikimedia Commons. Retrieved April 3, 2021, from https://commons.wikimedia.org/wiki/File:80486DX2_200x.png

[25] Hertz, J. (2021, September 11). The Swiftly Changing Landscape of Semiconductor Companies: 2021 Acquisitions Update. All About Circuits. Retrieved April 24, 2022, from www.allaboutcircuits.com/news/the-swiftly-changing-landscape-of-semiconductor-companies-2021-acquisitions-update/

［26］Iam, M. (2017). Photolithography. Wikimedia Commons. Retrieved April 3, 2021, from https://commons. wikimedia. org/wiki/File：Photolithography. tif

［27］IBM Research. (2019). Ibm Quantum Computer. flickr. photograph. Retrieved April 3, 2021, from www. flickr. com/photos/ibm_research_zurich/50252942522/in/photolist-2jyFt2u-WAMVUZ-UwMT2P-xzowft-BJvjFa-25UdWHB-UTiVVw-Wga1Ro-WRucfA-2hbTfxm-2iwebnp-qLD1Nn-XurtEh-qA8nzH-2iGGkKs-U71Lj3-P2xPB7-241ciS4-GeeXn-VbbAYh-3762-232N7FT-26tLwDy-2gnoFkA-WGMXyd-ScbQFo-4f5LeC-2j5ZdY7-BQdkR9-WfbJ8N-frkgp-T6BLkS-QAoqhf-VuCZLF-2iVsyuN-GxAA54-79HDkv-pmK1t2-oDC7LA-2kw1A1c-dgLNXi-24Ax4dj-2hEUhiK-23qF8wx-2hbT82V-2krQGy5-Eqbkev-fyDfcH-GxVKi8-2kupFSJ/

［28］IBM. (n. d.). Retrieved January 16, 2022, from ibm. com

［29］IC Insights. (2021). The McClean Report 2021. Retrieved April 24, 2022, from www. icinsights. com/services/mcclean-report/

［30］Ikeda, M. (2007). Rca '808' Power Vacuum Tube. Wikimedia Commons. Retrieved April 2, 2021, from https://commons. wikimedia. org/wiki/File：RCA_% E2% 80% 99808% E2% 80% 99_Power_Vacuum_Tube. jpg

［31］Intel Newsroom. (2016, September 22). Intel Acquisition of Altera. Intel Newsroom. Retrieved April 24, 2022, from https://newsroom. intel. com/press-kits/intel-acquisition-of-altera/#gs. xw7164

［32］IntelFreePress. (2013). Mobile Device Sensors. flickr. Retrieved April 3, 2021, from www. flickr. com/photos/intelfreepress/7791649188/sizes/o/in/photostream/

［33］IQM Quantum Computers. (2020, August 21). IQM Quantum Computer in Espoo Finland. Wikimedia Commons. Retrieved January 16, 2022, from https://commons. wikimedia. org/wiki/File：IQM_Quantum_Computer_Espoo_Finland. jpg

［34］Jacinsoncables. (2007). Core Round Jainson Cable. photograph, Wikimedia Commons. Retrieved February 20, 2022, from https://commons. wikimedia. org/wiki/File：3_Core_Round_Jainson_Cable. jpg

［35］James, L. (2021, February 9). Renesas Acquires Dialog Semiconductor in $6 Billion Deal. All About Circuits. Retrieved April 24, 2022, from www. allaboutcircuits. com/news/renesas-acquires-dialog-semiconductor-in-6-billion-deal/

［36］Kharpal, A. (2016, July 18). Japan's Softbank to buy chip-design powerhouse arm for $32 billion. CNBC. Retrieved April 24, 2022, from www. cnbc. com/2016/07/17/softbank-poised-to-take-uks-arm-for-234-billion. html

［37］Kumar, V. (2022). Apple's Mesa Data Center. rankred. com. photograph, RankRed. Retrieved February 20, 2022, from www. rankred. com/largest-data-centers-in-the-world/

［38］Macera, F. (1998). Packaged Eniac-on-a-Chip. www. seas. upenn. edu. photograph, Philadelphia; Trustees University of Pennsylvania. Retrieved May 11, 2022, from www. seas. upenn. edu/~jan/pictures/eniacpictures/EniacChipPackaged. jpg

［39］Manners, D. (2015, January 5). RFMD and Triquint Complete Merger. Electronics Weekly. Retrieved April 24, 2022, from www. electronicsweekly. com/news/business/finance/rfmd-triquintcomplete-merger-2015-01/

[40] Marvell Newsroom. (2020, October 29). Marvell to Acquire Inphi-Accelerating Growth and Leadership in Cloud and 5G Infrastructure. Retrieved April 24, 2022, from www. marvell. com/company/newsroom/marvell-to-acquire-inphi-accelerating-growth-leadership-cloud-5g-infrastructure. html

[41] Mineralogy Museum. (2017). Silicon Wafers. Wikimedia Commons. photograph, Munich. Retrieved April 2, 2021, from https://commons. wikimedia. org/wiki/File:Silicon_wafers. jpg

[42] NASA. (2010). Electromagnetic Spectrum. NASA Science. Retrieved April 3, 2021, from https://science. nasa. gov/ems/

[43] NNI. (n. d.). Size of the Nanoscale. National Nanotechnology Initiative. Retrieved July 27, 2022, from www. nano. gov/nanotech-101/what/nano-size

[44] Nowicki, W. (2019). Computer System Bus. Wikimedia Commons. Retrieved April 3, 2021, from https://commons. wikimedia. org/wiki/File:Computer_system_bus. svg

[45] NVIDIA Newsroom. (2020, September 13). NVIDIA to Acquire Arm for $40 Billion, Creating World's Premier Computing Company for the Age of AI. Retrieved April 24, 2022, from https://nvidianews. nvidia. com/news/nvidia-to-acquire-arm-for-40-billion-creating-worlds-premier-computing-company-for-the-age-of-ai

[46] NVIDIA Newsroom. (2019, March 19). NVIDIA to Acquire Mellanox for $6.9 Billion. Retrieved April 24, 2022, from https://nvidianews. nvidia. com/news/nvidia-to-acquire-mellanox-for-6-9-billion

[47] Oyster, F. T. (2014). Chipset Schematic. Wikimedia Commons. Retrieved April 3, 2021, from https://commons. wikimedia. org/wiki/File:Chipset_schematic. svg

[48] Palladino, V. (2017, November 20). Marvell technology to buy Chipmaker Cavium for about $6 billion. Retrieved April 24, 2022, from https://arstechnica. com/information-technology/2017/11/marvell-technology-strikes-deal-to-buy-chipmaker-cavium-for-6-billion/

[49] Paumier, G. (2007). Molecular-beam epitaxy system at Laas. gauillaumepaumier. photograph, Toulouse, France. Retrieved April 3, 2021, from https://guillaumepaumier. com/, CC-BY

[50] Peellden. (2011). Semiconductor Photomask. photograph, Wikimedia Commons. Retrieved April 3, 2021, from https://commons. wikimedia. org/wiki/File:Semiconductor_photomask. jpg

[51] Picker, L. (2016, January 20). Microchip Technology to Buy Atmel for Nearly $3.6 Billion. The New York Times. Retrieved April 24, 2022, from www. nytimes. com/2016/01/20/business/dealbook/microchip-technology-to-buy-atmel-for-nearly-3-6-billion. html

[52] Potrowl, P. (2012). Clean Room. Wikimedia Commons. photograph, Villeneuve-d'Ascq, France. Retrieved April 3, 2021, from https://commons. wikimedia. org/wiki/File:Villeneuve-d%27Ascq_-_IEMN_clean_room_-_6. jpg

[53] Qorvo, Inc. (2014, February 24). RFMD and TriQuint to Combine, Creating a New Leader in RF Solutions. GlobeNewswire News Room. Retrieved April 24, 2022, from www. globenewswire. com/news-release/2014/02/24/612604/10069612/en/RFMD-and-TriQuint-to-Combine-Creating-a-New-Leader-in-RF-Solutions. html

［54］ Qualcomm Newsroom. （2021, January 13）. Qualcomm to Acquire NUVIA. Retrieved April 24, 2022, from www. qualcomm. com/news/releases/2021/01/13/qualcomm-acquire-nuvia

［55］ Rao, L. （2011, April 4）. Texas Instruments Acquires National Semiconductor for $6. 5 Billion in Cash. TechCrunch. Retrieved April 24, 2022, from https://techcrunch. com/2011/04/04/texas-instruments-acquires-manufacturer-national-semiconductor-for-6-5-billion-in-cash/#:~:text = Texas%20Instruments%20has%20signed%20an, in%20six%20to%20nine%20months

［56］ Reinhold, A. （2020）. Transistor Package and Schematic. Wikimedia Commons. Retrieved April 2, 2021, from https://commons. wikimedia. org/wiki/File:Transistor_pakage. png

［57］ Renesas. （2018, September 11）. Renesas to Acquire Integrated Device Technology, to Enhance Global Leadership in Embedded Solutions. Renesas. Retrieved April 24, 2022, from www. renesas. com/us/en/about/press-room/renesas-acquire-integrated-device-technology-en-hance-global-leadership-embedded-solutions

［58］ Ringle, H. （2016, September 19）. ON Semiconductor completes its $2. 4 billion acquisition of Fairchild. Bizjournals. com. Retrieved April 24, 2022, from www. bizjournals. com/phoenix/news/2016/09/19/on-semiconductor-completes-its-2-4-billion. html#:~:text = announced%20its%20%242. 4%20billion%20cash, 10%20non%2Dmemory%20semiconductor%20company

［59］ Roser, M. , & Ritchie, H. （2020）. Moore's Law Transistor Count 1970-2020. Wikimedia Commons. Retrieved August 14, 2022, from https://commons. wikimedia. org/wiki/File:Moore%27s_Law_Transistor_Count_1970-2020. png

［60］ Sandia National Laboratories. （n. d. ）. MEMS Video & Image Gallery. Microsystems Engineering, Science and Applications （MESA）. Retrieved August 14, 2022, from www. sandia. gov/mesa/mems-video-image-gallery/

［61］ Scoble, R. （2020）. Microsoft Bing Maps' datacenter. photograph, Wikimedia Commons. Retrieved February 20, 2022, from https://commons. wikimedia. org/wiki/File:Microsoft_Bing_Maps%27_datacenter_-_Flickr_-_Robert_Scoble. jpg

［62］ Semiconductor Digest. （2015）. Western Digital announces acquisition of SanDisk. Semiconductor Digest. Retrieved April 24, 2022, from https://sst. semiconductor-digest. com/2015/10/western-digital-announces-acquisition-of-sandisk/

［63］ Shigeru23. （2011）. Wafer Die's Yield Model （10-20-40mm）. Wikimedia Commons. Retrieved April 3, 2021, from https://commons. wikimedia. org/wiki/File:Wafer_die%27s_yield_model_（10-20-40mm）. PNG

［64］ Silicon Valley Business Journal. （2014, December 14）. Cypress Semiconductor buys Spansion for about $1. 6 billion. Bizjournals. com. Retrieved April 24, 2022, from www. bizjournals. com/sanjo-se/news/2014/12/01/cypress-semiconductor-buys-spansion-for-about-1-6. html

［65］ Silicon Wafer. （2010）. Wikimedia Commons. photograph. Retrieved April 2, 2021, from https://commons. wikimedia. org/wiki/File:Silicon_wafer. jpg

［66］ SK hynix Newsroom. （2020, October 20）. SK hynix to Acquire Intel NAND Memory Business. Retrieved April 24, 2022, from https://news. skhynix. com/sk-hynix-to-acquire-intel-nand-memory-business/

[67] Stahlkocher. (2004). Silicon Ingot. Wikimedia Commons. photograph. Retrieved April 2, 2021, from https://commons. wikimedia. org/wiki/File:Monokristalines_Silizium_f%C3%BCr_die_Waferherstellung. jpg

[68] STAMPRUS. (1959). Stamp 1959 Cpa 2326 Soviet Union. Catalogue of postage stamps of Russia and the USSR. photograph. Retrieved April 2, 2021, from https://commons. wikimedia. org/wiki/File:The_Soviet_Union_1959_CPA_2326_stamp_(Przewalski%27s_horse)_Counter_sheet_(pane)_cancelled. jpg

[69] TronicsZone. (2017). Pcb Design. photograph. Retrieved April 2, 2021, from https://commons. wikimedia. org/wiki/File:PCB_design. jpg

[70] Twisp. (2008). Flip Chip. Wikimedia Commons. Retrieved April 3, 2021, from https://commons. wikimedia. org/wiki/File:Flip_chip_flipped. svg

[71] U. S. Army. (1947). Eniac. Historical Monograph:Electronic Computers Within the Ordnance Corps. photograph, Philadelphia. Retrieved April 2, 2021, from https://commons. wikimedia. org/wiki/File:Eniac. jpg

[72] Usher, O. (2013). Cleanroom-Photolithography Lab. flickr. photograph, London, England; UCL Mathematical & Physical Sciences. Retrieved April 3, 2021, from www. flickr. com/photos/uclmaps/9148360385/

[73] Ziegler, C. (2011, January 5). Qualcomm snaps upAtheros for $3. 1 billion. Engadget. Retrieved April 24, 2022, from www. engadget. com/2011-01-05-qualcomm-snaps-up-atheros-for-3-1-billion. html

译　后　记

这是我第一次应邀翻译与半导体有关的书，也是我翻译的第 4 本与半导体有关的书。半导体行业与我们的生活、工作和学习密切相关，它是世界上最大、最有价值的行业之一。最近几年，越来越多的人认识到半导体科技的重要性，希望了解半导体知识，但是往往被太多的专业术语吓住，以为需要很多的知识储备。现在不用怕了——这本书就是针对非专业人士的科技指南，适合所有对半导体感兴趣的读者。中学生完全可以读懂这本书。

为了方便零基础的读者阅读，我采取的翻译原则是，在不影响原文传达的基础上，尽可能地让它读起来通顺一些。为了符合中文阅读的习惯，我把原文中的很多长句修改为短句，翻译"行话"的时候也考虑了阅读的环境，比如说，原文里经常遇到 IC（集成电路）和 IP（知识产权），还经常用"硅"指代集成电路，而我的翻译并不仅仅由原文决定，再比如说，量子隧穿时提到的"barrier"，作为专业术语当然应该翻译为"势垒"，但是我觉得没有必要让普通读者为这个词操心，就翻译为"屏障"。类似的地方还有很多，如果您发现有翻译不当之处，请指正。来信请寄 jiyang@ semi. ac. cn 或者 jiyang2024@ zju. edu. cn。

从这本书里，读者可以了解到许多与半导体有关的基础知识，包括物理、材料和电路，分立元件和集成电路，系统、应用和市场，以及历史、现状和未来。如果意犹未尽，还可以继续看看我翻译的《半导体的故事》（中国科学技术大学出版社出版），或者王齐和范淑琴的著作《半导体简史》（机械工业出版社出版）。

感谢机械工业出版社的邀请。感谢妻女长期以来的忍耐和支持，感谢半导体超晶格国家重点实验室和中国科学院半导体研究所多年以来对我工作的支持。

姬扬

中国科学院半导体研究所

中国科学院大学材料科学和光电技术学院